3판

리빙 토픽
건강한 식생활

3판

리빙 토픽
건강한 식생활

Living Topics : DIET FOR YOU

이미숙 · 김완수 · 이선영 · 현태선 · 조진아

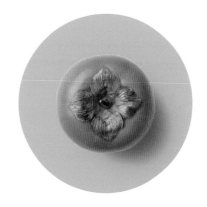

교문사

건강은 우리의 삶에서 가장 소중한 것 중 하나이다. 그러나 많은 대학생이 지금보다 건강하기 위해, 또는 현재의 건강을 유지하기 위해 별다른 노력을 하지 않는다. 바쁜 생활 속에서 세끼를 먹는 것조차 소홀히 하고, 편리한 음식이나 본인에게 맛있는 음식만 먹는다. 그뿐만 아니라 건강보다는 날씬한 몸매, 근육질 몸매 만들기에 더 큰 관심을 갖고 유행하는 잘못된 다이어트를 찾아 실천하고 있다.

대학생 시기는 성인기의 시작으로, 본인의 평생 건강과 2세의 건강을 위해 올바른 식습관을 갖고 꾸준히 실천해야 하는 시기이다. 따라서 대학생이라면 누구나 기본적인 영양지식을 갖추어야 하며, 올바른 식습관의 중요성을 이해하고 실천해야 할 것이다.

이 책은 식품영양학을 전공하지 않는 학생들을 대상으로 식생활과 관련된 내용을 강의할 때, 한 학기 동안 교재로 사용하기에 적합한 내용이 담겨 있다. PART 1에서는 자신의 식생활을 진단하고 문제점을 파악하는 내용과 함께 영양학의 가장 기본적인 내용인 영양소와 식단 구성을 이해하게끔 하였다. PART 2에서는 현재의 건강문제, 체중관리, 건강 습관과 관련하여 카페인, 술, 담배 관련 지식을 담아 건강과 식생활과의 관련성을 알게 하였다. PART 3에서는 미래의 건강에 초점을 두고 부모가 될 준비, 만성질환 예방을 위한 식생활에 관한 내용을 다루었다. 마지막 PART 4에서는 우리 전통음식의 우수성, 안전한 식탁, 다양한 먹거리 정보 등을 정리하여 학생들이 다양한 식품환경에서 건강을 위해 올바른 식품을 선택할 수 있도록 도움을 주고자 하였다.

학생들은 평생 다양한 경로를 통해 여러 식생활 정보를 얻게 될 것이다. 그때 이 책을 기반으로 한 지식을 활용하여 올바른 정보와 잘못된 정보를 구별하는 눈을 갖고, 올바른 식습관을 통해 건강한 삶을 살아가길 바란다. 끝으로 이 책이 출판되도록 도움을 주신 교문사의 임직원 여러분께 감사드린다.

2024년 2월
저자 일동

머리말 5

차례

PART 1
건강한 식생활의 기초

01 식생활의 중요성
1. 식생활과 식생활 정보는 왜 중요한가? 12
2. 건강한 식사란 무엇인가? 12
3. 한국인을 위한 식생활지침이란? 15
4. 나의 식생활은 올바른가? 16

02 에너지와 영양소
1. 에너지란? 26
2. 탄수화물이란? 26
3. 단백질이란? 29
4. 지질이란? 30
5. 비타민이란? 35
6. 무기질이란? 40
7. 수분이란? 44

03 건강한 식단 만들기
1. 건강한 식사는 어떻게 구성할까? 48
2. 실제 대학생의 식단을 평가·개선해볼까? 59

PART 2
건강한 현재

04 청년기의 건강문제와 영양관리
1. 청년기 식단의 문제는? 70
2. 청년기의 건강문제는? 75

05 건강체중관리
1. 건강체중이란? 95
2. 저체중과 과체중, 비만이란? 97
3. 건강한 체중 감소란? 100
4. 체중 감량을 위한 식단은 어떻게 구성할까? 108

06 카페인, 술, 담배
1. 카페인은 우리 몸에 어떠한 영향을 미칠까? 116
2. 술은 우리 몸에 어떠한 영향을 미칠까? 120
3. 흡연은 얼마나 해로울까? 127

PART 3
건강한 미래

PART 4
건강한 식생활 정보

07 부모가 될 준비
1. 계획임신이란? 140
2. 임신기의 식사는 어떻게 할까? 144
3. 모유 수유가 왜 중요한가? 149

08 지질, 식이섬유와 만성질환
1. 지질과 콜레스테롤이란? 157
2. 식이섬유란? 165

09 당류, 나트륨과 건강
1. 당류란? 172
2. 소금이란? 176

10 건강한 우리 음식
1. 곡류 중심의 식습관 188
2. 채식 위주의 음식문화 191
3. 풍부하고 다양한 어패류와 해조류 194
4. 몸에 좋은 성분이 듬뿍 담긴 콩 196

11 안전한 식탁
1. 세균성 식중독이란? 202
2. 자연독 식중독이란? 204
3. 신종유해물질에는 무엇이 있을까? 204
4. 식육 관련 감염병에는 무엇이 있을까? 211
5. 환경호르몬이란? 215

12 다양한 먹거리 정보
1. 최신 먹거리 정보를 알아볼까? 220
2. 안전한 식품 정보를 알아볼까? 230

부록 238
참고문헌 246
찾아보기 248

living topics

DIET
for
YOU

PART 1
건강한 식생활의 기초

01 식생활의 중요성

02 에너지와 영양소

03 건강한 식단 만들기

01

식생활의 중요성

1. 식생활과 식생활 정보는 왜 중요한가?

인류의 역사를 살펴볼 때, 사람들이 식량 부족에 의한 두려움으로부터 벗어난 시기는 그리 오래되지 않았다. 불을 사용할 줄 몰랐던 원시시대는 접어두고, 19세기에도 기근에 의한 영양실조와 감염병 만연으로 평균수명이 30~40세를 넘기기 어려웠다. 그러나 20세기 들어 품종 개량, 기계에 의한 농작물 생산기술의 향상과 농업의 발달로 곡류·서류 등 식물성 식품의 수확이 엄청나게 이루어졌고, 이를 사료로 하여 소나 돼지 등의 가축을 대량으로 기를 수 있게 되면서 육류식품의 섭취가 급격히 증가하였다. 이처럼 식품이 안정적으로 수급되면서 사람들의 영양상태가 날로 개선되었고, 제1·2차 세계대전을 치르며 빠르게 발달한 의학으로 인해 인간 수명이 놀라운 속도로 연장되었다.

이러한 급격한 생활환경 변화는 사람들의 영양상태를 전반적으로 증진시켰지만, 한편으로는 영양 불균형에 의한 만성질환의 유병률을 증가시켰다. 우리나라는 1960년대까지 전염병이 사망의 주된 원인이었으나, 1970년대부터 현재까지 암과 심혈관계 질환, 즉 만성질환이 사망원인 1·2위를 다투고 있다. 이와 같은 만성질환을 예방하기 위해서는 건강한 식습관과 금연, 절주, 운동 등의 바람직한 건강습관을 실천하는 것이 중요하다.

최근 대중 매체 또는 Social Network Service(SNS)를 통해 만성질환 예방을 위하여 어떤 식품, 또는 어떤 건강기능식품을 섭취하는 것이 좋은지에 대한 수많은 영양정보가 제공되고 있다. 그러나 이 중에는 잘못된 정보, 과장된 정보 등도 있으므로 개개인이 올바른 정보를 가려낼 줄 알고, 정보를 잘 이해하고 활용할 수 있는 능력을 길러야 한다.

2. 건강한 식사란 무엇인가?

적절한 영양은 건강체중을 가지고 에너지와 활력이 넘치는 일상생활을 할 수 있게 하고 건강을 향상시키고 질병을 예방하게 해준다. 영양소는 많은 질환의 직·간접적 요인으로 작용하므로, 장기간 부적절한 영양상태를 유지하면 만성질환이 생길 수 있다. 건강하게 살기 위해서는 다양한 식품을 적절한 양만큼 섭취하고 균형 잡힌 식생활을 실천해야 한다.

현대사회에는 올바르지 못한 식습관과 영양 불균형이 장기간 누적되어 건강을 위협하고, 수명을 단축시키는 만성질환을 가진 사람들이 늘어나고 있다. 간혹 40대 이후에나 유발되는 만성질환이 중년이 되기 한참 전인 20대부터 나타나기도 하는데, 이는 올바르지 못한 식생활과 불균형한 영양 섭취가 축적되어 생기는 현상이다. 건강한 식사란 다음과 같이 균형, 다양, 충분, 절제의 4가지를 충족시키는 것이어야 한다.

1) 균형 있는 식품 섭취

우리의 몸은 6대 영양소를 골고루 섭취해야 건강을 유지할 수 있으므로, 탄수화물, 단백질, 지질, 수분, 그리고 다양한 비타민과 무기질을 고루 포함하도록 식품을 균형(balance) 있게 섭취해야 한다. 이를 위하여 매일 곡류, 고기·생선·달걀·콩류, 채소류, 과일류, 우유·유제품류, 유지·당류의 여섯 가지 식품군으로부터 각각 한 가지 이상의 식품을 섭취해야 한다. 식품구성자전거(그림 1-1)는 여섯 가지 식품군의 대표식품과 각 식품군으로부터 섭취해야 하는 횟수를 자전거 바퀴 모양의 면적으로 이해할 수 있도록 개발된 모형이며, 앞바퀴는 매일 충분한 양의 물을 섭취해야 하는 것을 표현하고 있다. 자전거를 탈 때 균형을 잡아야 넘어지지 않는 것과 마찬가지로, 여섯 가지 식품군과 물을 균형 있게 섭취해야 우리 신체가 생리적인 기능을 잘 수행할 수 있다.

2) 다양한 식품 섭취

같은 식품군 내에서도 식품의 종류에 따라 함유되어 있는 영양소에는 차이가 있으므로 다양(variety)한 식품을 선택하여 섭취하여야 한다. 예를 들면 과일류 중에서 매일 사과만 먹지 말고, 사과, 배, 감, 귤 등 다양한 과일을 섭취해야 한다.

3) 충분한 양 섭취

건강을 유지하려면 충분(adequacy)한 양의 에너지와 영양소를 섭취해야 한다. 대학생들이 일반적으로 충분하게 섭취하지 못하는 영양소는 칼슘, 비타민 A, 비타민 C, 엽산 등으로, 우유·유제품류, 채소류, 과일류의 식품을 부족하게 섭취한다는 것을 알 수 있다.

4) 절제

맛있는 음식이 풍부해지면서 사람들은 점차 필요한 양보다 많은 양을 섭취하게 되고, 이로 인해 비만, 심혈관 질환 등의 만성질환에 걸릴 위험도 높아진다. 특히 달콤하고 짭짤하고 기름진 음식들과 술 등을 절제(moderation)하는 것이 건강을 유지하는 데 중요하다.

그림 1-1 **식품구성자전거**
자료: 보건복지부·한국영양학회(2022). 2020 한국인 영양소 섭취기준 활용.

3. 한국인을 위한 식생활지침이란?

식생활지침은 건강한 식생활을 위해 일반 대중이 쉽게 이해할 수 있고 일상생활에서 실천할 수 있도록 제시하는 권장 수칙이다. 2021년 보건복지부, 농림축산식품부, 식품의약품안전처에서는 공동으로 '한국인을 위한 식생활지침'을 제정하여 발표하였다. 표 1-1과 같이 식품 및 영양섭취, 식생활 습관, 식생활문화 영역에서 각각 수칙을 도출하였다.

식품 및 영양섭취 영역에서는 만성질환 예방을 위해 균형 있는 식품 섭취, 채소·과일 섭취 권장, 나트륨·당류·포화지방산 섭취 줄이기 등을 강조하고 있다. 식생활 습관 영역에서는 과식을 피하고 신체활동을 늘리기, 아침식사하기, 술 절제하기 등 비만을 예방할 수 있는 수칙들을 제시하고 있다. 식생활 문화 영역에서는 코로나19 이후 위생적인 식생활 정착, 지역 농산물 활용을 통한 지역 경제 선순환 및 환경 보호를 강조하고 있다.

표 1-1 한국인을 위한 식생활지침

	식품 및 영양섭취	식생활 습관	식생활 문화
1. 매일 신선한 채소, 과일과 함께 곡류, 고기·생선·달걀·콩류, 우유·유제품을 균형 있게 먹자	√		
2. 덜 짜게, 덜 달게, 덜 기름지게 먹자	√		
3. 물을 충분히 마시자	√		
4. 과식을 피하고, 활동량을 늘려서 건강 체중을 유지하자		√	
5. 아침식사를 꼭 하자		√	
6. 음식은 위생적으로, 필요한 만큼만 마련하자			√
7. 음식을 먹을 땐 각자 덜어 먹기를 실천하자			√
8. 술은 절제하자		√	
9. 우리 지역 식재료와 환경을 생각하는 식생활을 즐기자			√

4. 나의 식생활은 올바른가?

대학생 시기는 청소년기에서 성인기로 전환되는 시기로, 성장과 성숙이 완성되는 단계이다. 이때 성인으로서의 식습관이 확립되기 때문에 올바른 식생활을 통해 건강을 유지해야 한다. 이 시기에는 부모로부터 독립하여 자취하거나 기숙사에 머무르는 등 거주 형태가 변하고, 학업 외에 다양한 활동을 자유롭게 하면서 불규칙한 생활을 하기가 쉽다. 또한 친구관계, 대학 생활 적응, 취업에 대한 부담감 등으로 인해 올바른 식생활을 하는 데 신경을 쓰기도 어렵다. 그 결과 상당수의 대학생이 불규칙한 식사, 높은 결식률, 잦은 간식 섭취, 과다한 음주 및 흡연, 체중에 대한 올바른 인식 부족 등 많은 건강문제를 안고 있는 실정이다. 대학생 시기의 올바른 생활습관 형성은 장년 이후의 건강 유지에 지대한 영향을 미치기 때문에, 현재 자신의 식생활을 진단·평가하고 잘못된 점을 바로잡고자 노력해야 한다.

1) 균형 있는 식품 섭취 평가

균형 있는 식품 섭취를 위해서는 여섯 가지의 각 식품군으로부터 적어도 한 가지 이상의 식품을 섭취해야 한다. 따라서 가장 간단한 식사 평가방법은 각 식품군으로부터 최소 기준량 이상의 식품을 섭취했는지를 평가하는 것이다. 여섯 가지 식품군 중 유지·당류는 자연스럽게 섭취하게 되므로 제외하고, 곡류, 고기·생선·달걀·콩류, 채소류, 과일류, 우유·유제품류의 다섯 가지 식품군만을 고려하며, 식품군별 기준량은 표 1-2와 같이 고체 형태인 식품의 경우에는 30 g, 액체 형태의 식품은 60 g, 치즈 등의 고형유제품은 15 g을 기준으로 한다.

(1) 식품군 점수
각 식품군에서 최소 기준량 이상의 식품을 섭취하는 경우 1점씩 부여하는 식품군 점수(Dietary Diversity Score, DDS)는 가장 간단하게 식사를 평가할 수 있는 방법이다. 점수가 높을수록 각 식품군으로부터 균형 있게 식품을 섭취했다고 평가할 수 있으나, 점수만으로는 어떤 식품군이 부족한지를 알 수 없다.

표 1-2 **식품군별 섭취 최소 기준양 및 섭취 패턴**

식품군	기준량(눈대중량)	예(섭취한 양)	섭취 패턴
곡류	30 g(밥 1/3공기)	160 g	1
육류(고기·생선·달걀·콩류)	30 g(작은 로스용 1장)	10 g	0
과일류 　고체 　액체(주스류)	30 g(귤 1/3개) 60 g(주스 1/3컵)	100 g	1
채소류 　고체 　액체(주스류)	30 g(작은 오이 1/4개) 60 g(주스 1/3컵)	135 g	1
우유·유제품류 　고체(치즈 등) 　액체	15 g(치즈 2/3장) 60 g(주스 1/3컵)	0 g	0

(2) 식품군 섭취 패턴

식품군 섭취 패턴은 GMFVD(Grain, Meat, Fruit, Vegetable, Dairy product)의 순으로 각 식품군에서 최소 기준량 이상을 섭취한 경우는 1, 섭취하지 못한 경우는 0으로 표시한다. 만약 표시 결과가 'GMFVD=10110'이라면 곡류, 과일류, 채소류는 섭취한 반면, 육류(고기·생선·달걀·콩류), 유제품은 섭취하지 않은 것으로 진단한다.

2) 다양한 식품 섭취 평가

다양한 식품을 섭취하였는지를 평가하는 가장 간단한 방법인 식품 다양성 점수(Dietary Variety Score, DVS)는 하루에 섭취한 식품의 가짓수를 그대로 점수화한 것이다. 소량만을 섭취한 경우에는 섭취한 식품의 가짓수에 포함시키기 어려우므로, 표 1-2와 같이 식품군별 최소 기준량 이상을 섭취한 경우에만 섭취한 식품으로 간주한다. 그 외에 일본영양사회에서 만든 식품 섭취 다양성 평가표를 대한영양사협회에서 수정한 표 1-3은 다섯 가지 식품군의 균형과 다양한 식품 섭취를 함께 평가할 수 있다.

표 1-3 식품 섭취 다양성 평가표

오늘의 식단은 몇 점이나 될까?										
영양소	식품류	식품	배점		득점					
					아침		점심		저녁	
			균형식	식품	균형식	식품	균형식	식품	균형식	식품
단백질	고기류·생선류	닭고기, 돼지고기, 쇠고기, 오리고기, 생선, 굴, 조개, 햄, 소시지, 어묵	10	5						
	알류	달걀, 메추리알		5						
	콩류	콩, 두부, 비지, 된장, 청국장		4						
칼슘	우유류	우유, 분유, 치즈, 요구르트	10	5						
	뼈째 먹는 생선	멸치, 뱅어포, 잔새우, 미꾸라지, 양미리, 사골		4						
비타민·무기질	녹황색 채소류·해조류	시금치, 당근, 깻잎, 고추, 갓, 미나리, 상추, 쑥갓, 무청, 아욱, 근대, 열무, 미역, 김, 다시마, 파래	10	5						
	담색 채소류·버섯류	무, 배추, 양배추, 오이, 호박, 파, 양파, 우엉, 콩나물, 가지, 고구마 줄기, 도라지, 버섯		2						
	과일류	사과, 감, 배, 복숭아, 귤, 포도, 살구, 자두, 참외, 토마토, 수박, 딸기, 대추		4						
탄수화물	쌀	쌀, 찹쌀	10	3						
	잡곡류	보리, 밀가루, 옥수수, 조, 수수, 국수, 빵, 라면		3						
	감자류	감자, 고구마, 당면, 토란, 도토리		3						
지방	기름류	참기름, 들기름, 채종유, 쇼트닝, 마요네즈, 마가린, 버터	10	4						
	종실류	참깨, 들깨, 호두, 잣, 땅콩		3						
합계			50	50						
			100							

진단방법
- 득점란의 식품 점수는 식품류별로 섭취한 식품이 있을 때 해당되는 점수를 적는다.
- 득점란의 균형식 점수는 영양소별로 섭취한 식품이 있을 때 10점을 적는다.
- 합계란: 균형식 점수와 식품 점수를 합하여 평가기준과 비교한다.

평가기준
- 75점 이상은 훌륭합니다.
- 74~50점은 개선할 필요가 있습니다.
- 49점 이하는 많이 개선해야 합니다.

3) 충분한 양 섭취 평가

충분한 양의 에너지와 영양소를 섭취하는지를 평가하려면 먼저 컴퓨터 프로그램을 이용하여 섭취한 음식의 종류와 양을 입력하고, 이를 에너지와 영양소로 환산한다. 다음으로는 성별, 연령별 영양소 섭취기준을 근거로 섭취한 에너지와 영양소가 충분한지를 평가한다(그림 3-1, 그림 5-4 참고).

4) 영양지수

영양지수(Nutrition Quotient, NQ)는 식사의 질과 영양상태를 종합적으로 평가할 수 있도록 한국영양학회에서 개발한 도구로, 취학 전 아동, 어린이, 청소년, 성인, 노인 대상의 영양지수가 개발되어 있다. 2021년 개정된 성인을 위한 영양지수는 균형, 절제, 실천의 3개 영역을 평가하는 20개의 문항으로 이루어져 있다(표 1-4). 영양지수 산출방법과 판정기준은 한국영양학회 홈페이지(http://www.kns.or.kr)에서 확인할 수 있다.

표 1-4 성인(만 19~64세) 영양지수 조사지

▶본 조사는 귀하의 영양상태와 식행동을 간단하게 평가하기 위한 영양지수 계산에 사용될 것입니다. 가정에서는 물론, 단체 급식이나 외식에서 드시는 것도 모두 포함해서 답해 주시기 바랍니다.

1. 귀하는 한 번 식사할 때 김치를 제외한 채소류를 몇 가지나 드십니까?	2. 귀하는 과일을 얼마나 자주 드십니까?
① 거의 먹지 않는다 ② 1가지 ③ 2가지 ④ 3가지 ⑤ 4가지 이상	① 2주일에 1번 이하 ② 일주일에 1~3번 ③ 일주일에 4~6번 ④ 하루에 1번 ⑤ 하루에 2번 이상
3. 귀하는 우유 또는 유제품을 얼마나 자주 드십니까?	**4. 귀하는 생선류를 얼마나 자주 드십니까?**
① 2주일에 1번 이하 ② 일주일에 1~3번 ③ 일주일에 4~6번 ④ 하루에 1번 ⑤ 하루에 2번 이상	① 거의 먹지 않는다 ② 2주일에 1번 ③ 일주일에 1~3번 ④ 일주일에 4~6번 ⑤ 하루에 1번 이상

(계속)

5. 귀하는 <u>콩이나 두부</u>를 얼마나 자주 드십니까?

① 2주일에 1번 이하
② 일주일에 1~3번
③ 일주일에 4~6번
④ 하루에 1번
⑤ 하루에 2번 이상

6. 귀하는 <u>견과류</u>를 얼마나 자주 드십니까?

① 거의 먹지 않는다
② 2주일에 1번
③ 일주일에 1~3번
④ 일주일에 4~6번
⑤ 하루에 1번 이상

7. 귀하는 <u>전곡이나 잡곡류(현미밥, 잡곡밥, 통밀빵 등)</u>를 얼마나 자주 드십니까?

① 거의 먹지 않는다
② 2주일에 1~3번
③ 일주일에 4~6번
④ 하루에 1번
⑤ 하루에 2번 이상

8. 귀하는 <u>기름진 빵(꽈배기, 생크림빵 등)</u>이나 스낵 과자류(감자칩, 고구마칩 등)를 얼마나 자주 드십니까?

① 거의 먹지 않는다
② 2주일에 1번
③ 일주일에 1~3번
④ 일주일에 4~6번
⑤ 하루에 1번 이상

9. 귀하는 피자, 햄버거, 프라이드치킨 등의 패스트푸드를 얼마나 자주 드십니까?

① 거의 먹지 않는다
② 2주일에 1번
③ 일주일에 1~3번
④ 일주일에 4~6번
⑤ 하루에 1번 이상

10. 귀하는 맵고 짠 국물음식(라면, 찌개류, 탕류, 국물 떡볶이 등)을 얼마나 자주 드십니까?

① 2주일에 1번 이하
② 일주일에 1~3번
③ 일주일에 4~6번
④ 하루에 1번
⑤ 하루에 2번 이상

11. 귀하는 <u>쇠고기, 돼지고기</u> 같은 붉은색 고기를 얼마나 자주 드십니까?

① 거의 먹지 않는다
② 2주일에 1번
③ 일주일에 1~3번
④ 일주일에 4~6번
⑤ 하루에 1번 이상

12. 귀하는 평소에 햄, 소시지, 베이컨 등의 가공육을 얼마나 자주 드십니까?

① 거의 먹지 않는다
② 2주일에 1번
③ 일주일에 1~3번
④ 일주일에 4~6번
⑤ 하루에 1번 이상

13. 귀하는 일주일 동안 <u>아침 식사</u>를 얼마나 자주 하십니까?

① 거의 먹지 않는다
② 일주일에 1~2번
③ 일주일에 3~4번
④ 일주일에 5~6번
⑤ 매일

14. 귀하는 <u>과식이나 폭식</u>을 얼마나 자주 하십니까?

① 거의 하지 않는다
② 한달에 1번
③ 2주일에 1번
④ 일주일에 1번
⑤ 일주일에 3~4번
⑥ 하루에 1번 이상

(계속)

15. 귀하는 평소에 <u>건강에 좋은 식생활</u>을 하려고 노력하십니까?	16. 귀하는 외식 시 또는 가공식품을 구입할 때 <u>영양표시</u>를 확인하십니까?
① 전혀 노력하지 않는다 ② 노력하지 않는 편이다 ③ 보통이다 ④ 노력하는 편이다 ⑤ 매우 노력한다	① 전혀 확인하지 않는다 ② 확인하지 않는 편이다 ③ 보통이다 ④ 확인하는 편이다 ⑤ 항상 확인한다
17. 귀하는 음식을 먹기 전에 <u>손을 씻으십니까?</u>	18. 귀하는 남성의 경우 7잔(또는 맥주 5캔 정도), 여성의 경우 5잔(또는 맥주 3캔 정도) 이상의 술을 얼마나 자주 드십니까?
① 전혀 씻지 않는다 ② 씻지 않는 편이다 ③ 보통이다 ④ 씻는 편이다 ⑤ 항상 씻는다	① 최근 1년간 전혀 마시지 않았다 ② 한달에 1번 미만 ③ 한달에 1번 정도 ④ 한달에 2~4번 ⑤ 일주일에 2~3번 정도 ⑥ 일주일에 4번 이상
19. 귀하는 <u>가당음료(탄산음료, 믹스커피, 유자차 등)</u>를 얼마나 자주 마십니까?	20. 귀하는 <u>30분 이상 숨이 찰 정도의 운동</u>을 얼마나 자주 하십니까?
① 2주일에 1번 이하 ② 일주일에 1~3번 ③ 일주일에 4~6번 ④ 하루에 1~2번 ⑤ 하루에 3번 이상	① 거의 하지 않는다 ② 일주일에 1~2번 ③ 일주일에 3~4번 ④ 일주일에 5~6번 ⑤ 매일

*19, 20번은 참고용 문항
※ 참고용 문항이란? 영양지수 평가문항에 포함되지 않으나, 영양교육이나 상담 시 참고할 수 있는 문항입니다.

▶ 일반 사항

1. 성별은?	① 남성 ② 여성	2. 만 나이는?	만 _____세
3. 키는?	_____cm	4. 몸무게는?	_____kg

자료: 한국영양학회

5) 식습관 평가

식행동(dietary behavior)이란 개인이 식품을 구입하여 조리·가공하고 섭취하기까지 전반적 과정에 걸쳐 나타나는 모든 행동을 말한다. 식행동은 영양·건강에 대한 지식과 식태도의 영향을 받으며, 집단의 사회·문화·심리적 영향 속에서 반복되어 식습관이 된다.

여기서는 표 1-5, 1-6을 이용하여 식습관을 진단해보고, 잘못된 식습관을 어떻게 고칠지에 대해 생각해보도록 한다. 부록에 있는 식습관 평가표도 이용해보자.

표 1-5 대학생의 영양 섭취 부족 위험 진단을 위한 간이 식습관 평가표

해당되는 내용에 표시하고 괄호 안의 점수를 더하여 영양 섭취 부족 위험을 진단해보자.

1. 일주일간 세끼를 모두 먹는 횟수는?	□ 주 5회 이상(2)	□ 주 1~4회(1)	□ 거의 먹지 않는다(0)
2. 아침식사 시간은 충분합니까?	□ 충분하다(2)	□ 보통이다(1)	□ 충분하지 않다(0)
3. 어제 주식류(밥, 국수 등)를 몇 번 먹었습니까?	□ 3회 이상(4)	□ 2회(2)	□ 1회 이하(0)
4. 어제 김치류를 몇 번 먹었습니까?	□ 3회 이상(2)	□ 1~2회(1)	□ 먹지 않았다(0)
5. 지난 3일 동안 우유를 몇 번 먹었습니까?	□ 3회 이상(4)	□ 1~2회(2)	□ 먹지 않았다(0)
6. 지난 3일 동안 육류를 몇 번 먹었습니까?	□ 3회 이상(4)	□ 1~2회(2)	□ 먹지 않았다(0)
7. 지난 3일 동안 콩이나 두부를 몇 번 먹었습니까?	□ 3회 이상(4)	□ 1~2회(2)	□ 먹지 않았다(0)
8. 지난 3일 동안 푸른잎 채소를 몇 번 먹었습니까?	□ 3회 이상(4)	□ 1~2회(2)	□ 먹지 않았다(0)

결과 해석
- 11 이하는 고위험군으로 섭취하는 영양소가 부족할 위험이 높다. 다양한 식품을 섭취하도록 노력하자.
- 12~15는 중간위험군으로 섭취하는 영양소가 부족할 가능성이 있다. 다양한 식품을 섭취하도록 노력하자.
- 16 이상은 저위험군이다.

자료: 이화영 등(2015). 생활과학논총 19(2): 67-79.

표 1-6 건강을 위한 식생활 진단

이름: 나이: 세 특이사항(앓고 있는 질환):	성별: 남 □ 여 □

1. 나의 체중

  키: cm 체중: kg

  표준체중: kg(kg에서 kg까지는 건강체중입니다.)

2. 비타민제, 영양제를 먹는다. (종류:)

  건강보조식품을 먹는다. (종류:)

3. 나의 식생활은….

진단 항목	예(5점)	가끔(3점)	아니오(1점)
규칙적인 식생활 • 하루에 3끼 식사를 한다. • 아침식사를 제대로 한다. • 정해진 시간에 식사를 한다. • 여유 있게 천천히 식사한다. • 과식을 하지 않는다.			
균형 잡힌 식생활 • 곡류음식을 매끼 먹는다(밥, 빵류, 면류, 감자, 고구마 등). • 육류반찬을 매끼 먹는다(어류, 달걀, 콩류, 두부 등 포함). • 채소반찬을 매끼 먹는다(김치 제외). • 기름을 넣어 조리한 음식을 매끼 먹는다. • 우유를 매일 마신다. • 과일을 매일 먹는다. • 매끼 골고루 식사한다(곡류 + 육류 + 채소류).			
식생활과 건강 • 가공식품을 자주 먹지 않는다. • 단 음식을 많이 먹지 않는다. • 싱겁게 먹는다. • 동물성 기름을 자주 먹지 않는다(삼겹살, 갈비 포함). • 외식을 자주 하지 않는다. • 과음 및 잦은 음주는 피한다. • 운동을 매일 한다(1시간 이상). • 영양지식을 실생활에 활용한다.			
총점			

※ 평가: 70점 이상은 양호, 30~69점은 보통, 30점 미만은 개선 필수.
자료: 부산시 사하구 보건소.

1. 한국인을 위한 식생활지침 9가지 중 실천하고 있는 것과 실천하지 못하고 있는 것을 확인해보자.

2. 어제 하루 동안 섭취한 음식으로부터 식품군 점수와 식품군 섭취 패턴을 구해보고 균형 있게 섭취하였는지를 평가해보자.

3. 식생활을 평가할 수 있는 모바일 애플리케이션을 찾아 활용해본 후 식생활의 문제점을 찾아보자.

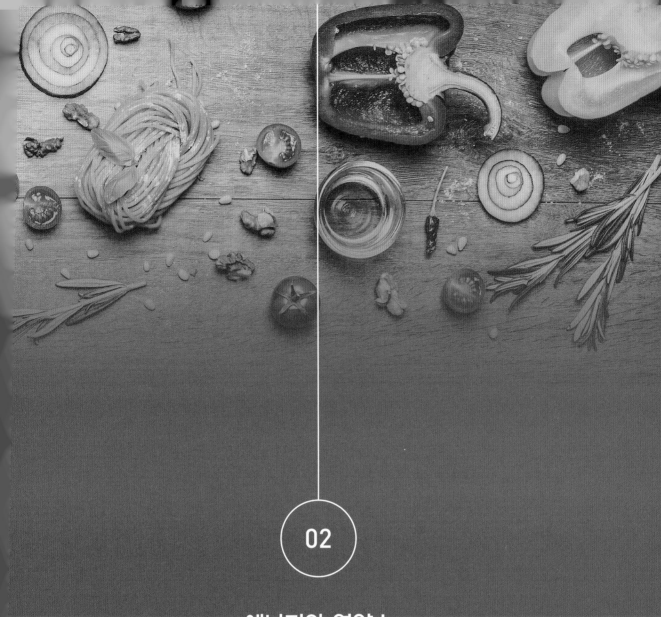

02

에너지와 영양소

영양소는 우리가 생명을 유지하기 위해 꼭 필요하지만 체내에서 충분히 합성되지 않아 꼭 식품을 통해 섭취해야 하는 물질이다. 영양소는 크게 탄수화물, 단백질, 지질, 비타민, 무기질, 수분의 6가지로 분류할 수 있다. 이것은 우리가 활동하는 데 필요한 에너지를 제공하거나, 신체를 구성하고, 생리작용을 조절하는 역할을 한다.

1. 에너지란?

몸 안에서는 우리가 잘 때나 가만히 있을 때도 여러 가지 일들이 일어난다. 심장은 규칙적으로 혈액을 온몸으로 보내며, 폐는 산소를 외부로부터 체내로 들어오게 하고, 체내에서 생긴 이산화탄소를 체외로 내보낸다. 신경은 다양한 자극을 전달하며, 신장은 대사과정 중에 생긴 노폐물을 모은다. 우리가 섭취한 탄수화물, 단백질, 지질은 체내에서 분해되어 에너지를 만들며, 우리 몸은 이렇게 생긴 에너지를 필요한 곳에서 사용하게 된다.

칼로리

칼로리란 에너지를 나타내는 단위로, 식품으로부터 나오는 에너지는 킬로칼로리(kcal)로 나타낸다. 1 kcal는 1 kg의 물을 1℃ 올리는 데 필요한 에너지이다. 보통 '어떠한 식품이 몇 칼로리'라고 말할 때의 칼로리는 '킬로칼로리(kcal)'를 뜻하는 것이다.

2. 탄수화물이란?

탄수화물은 탄소(C), 수소(H), 산소(O)로 이루어진 유기물질로, 가장 간단한 형태는 포도당이다.

식물은 광합성에 의해 포도당을 만들며, 만들어진 포도당은 서로 연결되어 전분 형태로 저장된다. 곡류에는 이러한 전분이 많이 들어있다. 인류는 농경생활을 하면서부터 쌀, 밀, 옥수수 등의 곡류를 주식으로 먹게 되었다.

1) 탄수화물의 종류와 급원식품

탄수화물은 분자의 크기에 따라 단당류, 이당류, 다당류로 나누어진다. 단당류는 가장 간단한 형태로 종류로는 포도당, 과당, 갈락토오스가 있다. 이당류는 단당류 2개가 결합된 형태로 종류로는 서당(자당, 설탕), 맥아당, 유당이 있다. 단당류와 이당류는 단맛을 내며 단순당(simple sugar) 또는 당류(sugars)라고도 부른다.

포도당은 과일에 들어있고, 과당은 과일이나 꿀에 많이 들어있으며, 갈락토오스는 포유류의 젖에 들어있는 유당의 구성성분이다. 이당류 중 서당은 사탕수수와 사탕무에 많이 들어있고, 맥아당은 보리가 싹틀 때 효소에 의해 전분이 분해되어 생기며, 유당은 포유류의 젖에 함유되어 있다.

다당류로는 곡류나 감자류에 많은 전분, 동물의 간이나 근육에 있는 글리코겐, 채소나 과일에 많은 식이섬유가 있다. 전분은 대표적인 식물성 저장 탄수화물로 포도당이 연결된 중합체이며 인체에 중요한 에너지원이다. 글리코겐은 간이나 근육에 존재하며 혈당이 저하되거나 에너지가 필요할 때 포도당으로 분해되어 사용된다.

2) 탄수화물의 기능

탄수화물은 체내에서 1 g당 4 kcal의 에너지를 제공하는 중요한 역할을 한다. 다양한 종류의 탄수화물이 소화되어 포도당의 형태로 혈액에 들어가는데, 이를 혈당(blood sugar)이라고 한다. 혈액 중의 포도당 농도는 공복 시 80~100 mg/100 mL로 유지되고, 식사 후에는 140 mg/100 mL 정도까지 상승한다. 혈당은 뇌와 신경조직, 적혈구 등의 세포에 지속적으로 포도당을 공급해주기 위해 공복 시에도 일정하게 유지된다.

탄수화물 중에서도 단순당은 식품에 단맛과 향미를 더해준다. 식이섬유는 변에 부피감을

표 2-1 **탄수화물의 종류, 구조적 특징 및 급원식품**

분류		종류	급원식품
단순당 (당류)	단당류	포도당 과당 갈락토오스	과일 과일 모유, 우유
	이당류	맥아당(포도당 + 포도당) 서당(포도당 + 과당) 유당(포도당 + 갈락토오스)	엿기름 사탕수수, 사탕무 모유, 우유
복합탄수화물 (다당류)		전분	곡류, 콩류
		글리코겐	동물의 간과 근육
		식이섬유	채소, 과일, 콩류

더해 변비를 예방해주며, 혈액 중 당이나 콜레스테롤 흡수를 지연시켜 대장암, 당뇨병 등의 만성질환을 예방하는 것으로 알려져 있다.

3) 적절한 섭취량

탄수화물은 1일 총 에너지 섭취량의 약 55~65%를 섭취하는 것이 권장된다. 탄수화물 섭취가 부족하면 혈당을 유지하기 위해 체내에서 간의 글리코겐을 우선 사용하지만 그것도 부족하면 체단백질, 즉 근육의 단백질을 분해하여 포도당을 합성해야 하기에 근육이 손실될 수 있다. 심한 경우에는 저장된 지질이 분해되면서 케톤체를 생성시켜 케톤증이 발생할 수도 있다. 따라서 하루 100 g 이상의 탄수화물은 반드시 섭취해야 한다.

　반대로 탄수화물을 과잉 섭취하면 중성지방으로 전환되어 체내에 저장된다. 특히 식품에 본래 들어있는 천연당이 아닌, 설탕과 같은 첨가당을 많이 섭취하면 포만감은 잘 느끼지 못하면서 섭취하는 에너지가 많아져 비만, 대사증후군, 당뇨병 등에 걸릴 위험성이 높아진다. 탄수화물 중에서 식이섬유는 사람의 소화효소로 분해되지 않으므로 에너지원으로 이용되지 않고, 장의 운동을 활발하게 하고 건강에 도움을 주므로 충분히 섭취해야 한다. 식이섬유는 성인 남성의 경우 30 g, 여성의 경우 20 g을 하루에 섭취하는 것이 권장된다.

3. 단백질이란?

단백질은 탄소(C), 수소(H), 산소(O), 질소(N)로 이루어진 유기화합물이다. 이것은 20개의 아미노산으로 구성되며, 구성하는 아미노산의 수, 종류, 결합 순서 등에 따라 다양한 종류가 존재한다.

1) 단백질의 종류와 급원식품

단백질을 구성하는 아미노산은 체내 합성 여부에 따라 필수아미노산과 비필수아미노산으로 나누어진다. 필수아미노산은 체내에서 전혀 합성되지 않거나 합성된다고 해도 그 양이 매우 적어 반드시 식사에서 섭취해야 하는 아미노산이다. 비필수아미노산은 체내에서 합성되므로 반드시 섭취하지 않아도 되는 아미노산이다. 따라서 필수아미노산이 골고루 풍부하게 함유된 식품을 섭취하는 것이 중요하다.

모든 필수아미노산을 충분히 포함한 단백질은 완전단백질이라고 하며 육류, 생선, 달걀, 우유 등 동물성 단백질이 이에 속한다. 대부분의 식물성 식품에 함유된 단백질은 하나 이상의 필수아미노산이 부족한데 이러한 단백질을 불완전단백질이라고 하고, 이들만 섭취하면 성장이 지연되고 체중이 감소한다. 그러므로 여러 가지 식품을 섞어 먹으면서 한 식품에 부족한 아미노산을 다른 식품으로부터 보충해야 한다. 쌀에 콩을 섞거나, 빵과 우유를 함께 섭취하는 등의 방법으로 각 식품에 부족한 아미노산을 보충하는 것이 좋은 방법이다.

표 2-2 **단백질의 종류와 급원식품**

종류	특징	급원식품
완전단백질	모든 필수아미노산을 충분히 함유하여 인체에 필요한 단백질 합성과 성장 발달에 도움을 줄 수 있음	육류, 생선, 달걀, 우유 등 동물성 식품
불완전단백질	하나 이상의 필수아미노산이 양적으로 부족하여 인체에 필요한 단백질 합성이 제한됨	쌀, 밀, 옥수수 등의 곡류, 콩류 등 식물성 식품

2) 단백질의 체내 기능

단백질은 근육과 결합조직을 이루어 신체를 구성하며, 효소, 호르몬의 구성성분으로 우리 몸의 다양한 생리작용을 조절한다. 즉, 물질의 운반이나 저장, 삼투압과 수분의 평형 유지, 산·염기 평형 유지, 면역작용 등의 역할을 한다. 또한 체내에서 1 g당 4 kcal의 에너지를 제공하고, 탄수화물의 섭취가 부족한 경우에는 포도당으로 전환되어 뇌와 적혈구에 포도당을 공급해 준다.

3) 적절한 섭취량

단백질은 하루 총 에너지 섭취량의 약 7~20%를 섭취하는 것이 권장되며, 19~29세의 경우 남성 65 g, 여성 55 g이 권장된다. 동물성 단백질은 총 단백질 섭취량의 1/3 이상을 섭취하는 것이 바람직하다. 우리나라 국민의 단백질 섭취량은 대체로 부족하지 않은 편이나, 개발도상국의 어린이 또는 장기 입원 환자의 경우에는 단백질 부족증인 마라스무스 또는 콰시오커가 나타난다. 단백질이 부족하면 면역기능이 낮아져 설사 및 감염 등의 질병에 걸리기 쉽고, 콰시오커를 앓는 경우 부종이 나타난다.

그러나 지나친 단백질 섭취는 간이나 신장에 부담을 주고, 칼슘 배설량을 증가시켜 골다공증을 유발할 수 있다. 특히 동물성 단백질을 과잉 섭취하면 포화지방, 콜레스테롤 등도 함께 많이 섭취되어 비만이나 심혈관계질환의 위험성도 높아진다.

4. 지질이란?

지질은 물에 녹지 않고 유기용매에 용해되는 유기물로 탄소(C), 수소(H), 산소(O)로 이루어져 있다. 식품 중에 있는 지질은 대부분 중성지방이며 이외에도 인지질, 콜레스테롤 등이 있다.

1) 지질의 종류와 급원식품

(1) 중성지방

중성지방은 글리세롤과 세 분자의 지방산으로 이루어진 물질이다(그림 2-1). 중성지방은 상온에서 고체의 형태를 띠는 지방(fat)과 상온에서 액체의 형태를 띠는 기름(oil)으로 나누어지며, 이러한 차이는 중성지방을 구성하는 지방산의 종류가 다르기 때문에 생긴다.

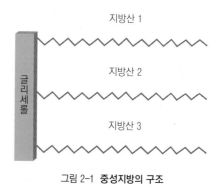

그림 2-1 **중성지방의 구조**

(2) 지방산

중성지방을 구성하는 성분인 지방산은 이중결합 여부와 이중결합의 수, 위치, 공간적 배열 등에 따라 그 종류가 매우 다양하다(그림 2-2).

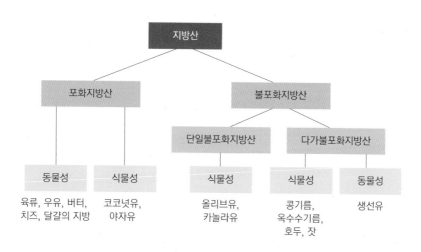

그림 2-2 **지방산의 종류와 급원식품**

포화지방산과 불포화지방산

지방산은 수소로 포화되어있는 정도에 따라 포화지방산과 불포화지방산으로 나누어진다. 포화지방산은 탄소와 탄소 사이에 단일결합으로만 되어있으나, 불포화지방산은 탄소와 탄소 사이에 이중결합이 있다. 중성지방을 구성하는 지방산에 포화지방산이 많으면 쇠고기나 돼지고기 등의 지방처럼 상온에서 고체 형태로 존재하며, 불포화지방산이 많으면 식물성 기름과 같이 상온에서 액체상태로 존재한다. 동물성 식품에 포화지방산이 많이 함유되어있는데, 코코넛유나 야자유는 식물성 식품이지만 포화지방산이 많이 들어있다.

단일불포화지방산과 다가불포화지방산

불포화지방산 중에서 이중결합이 하나인 경우를 단일불포화지방산, 이중결합이 둘 이상인 경우를 다가불포화지방산이라고 한다. 단일불포화지방산은 올리브유 및 카놀라유에 많이 들어있으며, 다가불포화지방산은 콩기름, 들기름 등의 식물성 기름과 견과류에 많이 들어있다. 생선은 동물성 식품임에도 불구하고 다가불포화지방산을 많이 함유하고 있다.

오메가-3 지방산과 오메가-6 지방산

불포화지방산 중에서 이중결합의 위치가 지방산을 구성하는 탄소사슬의 가장 끝 탄소(ω)로부터 세 번째 탄소에 있으면 오메가-3(ω-3 또는 n-3) 지방산, 가장 끝 탄소(ω)로부터 여섯 번째 탄소에 있으면 오메가-6(ω-6 또는 n-6) 지방산이라고 부른다. 오메가-3 지방산은 등 푸른 생선의 기름 및 들기름에 많이 들어있으며, 오메가-6 지방산은 식물성 기름에 풍부하게 들어있다. 대표적인 오메가-3 지방산은 α-리놀렌산인데, 이 리놀렌산으로부터 도코사헥사에노익산(docosahexaenoic acid, DHA)과 에이코사펜타에노익산(eicosapentaenoic acid)이 합성된다. 이들은 두뇌 발달과 인지기능 유지, 심혈관질환 예방에 도움을 준다.

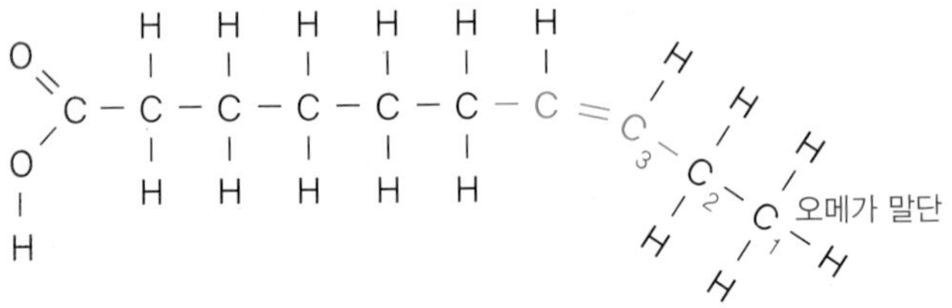

그림 2-3 **불포화지방산과 오메가-3 지방산**

시스지방산과 트랜스지방산

자연적으로 존재하는 불포화지방산의 이중결합은 일반적으로 시스(cis)형인데, 불포화지방산을 포화지방산으로 바꾸는 가공과정에서 일부 수소가 이중결합의 반대쪽으로 이동하여 트랜스(trans)지방산으로 전환·생성된다. 트랜스지방산은 마가린, 쇼트닝 등과 이러한 지방을 사용하여 만든 가공식품 등에 포함되어있으며, 포화지방산과 비슷한 구조로 심혈관질환에 좋지 않은 영향을 준다(그림 2-4).

필수지방산과 비필수지방산

지방산은 아미노산과 마찬가지로 체내 합성 여부에 따라 필수지방산과 비필수지방산으로 나눌 수 있다. 대부분의 지방산은 체내에서 합성되지만 불포화지방산 중 리놀레산(오메가-6 지

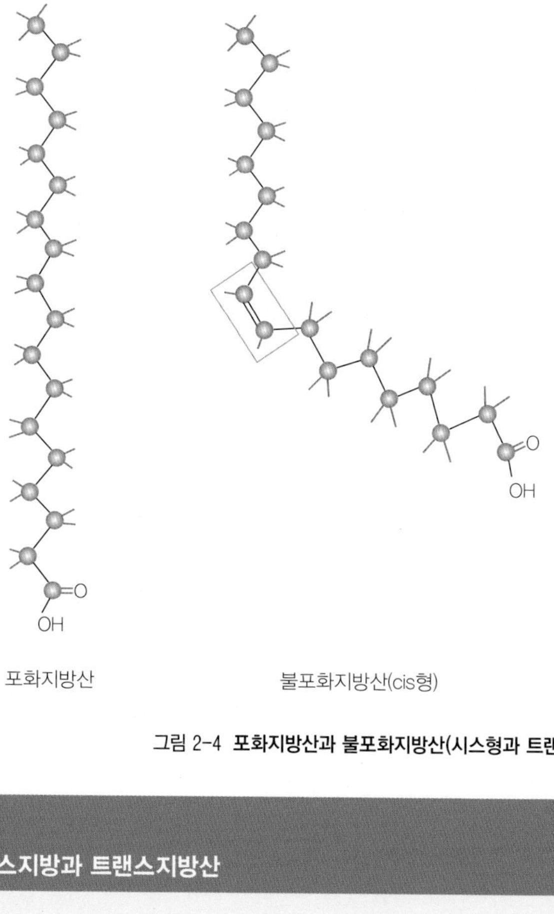

| 포화지방산 | 불포화지방산(cis형) | 불포화지방산(trans형) |

그림 2-4 포화지방산과 불포화지방산(시스형과 트랜스형)의 구조

트랜스지방과 트랜스지방산

정확한 용어는 트랜스지방산이지만 트랜스지방이라고도 한다. 마찬가지로 포화지방산이 더 정확한 표현이지만 일반적으로 포화지방이라고 부른다. 현재 영양표시에서는 트랜스지방, 포화지방이라는 용어를 사용한다.

방산의 일종)과 α-리놀렌산(오메가-3 지방산의 일종)은 체내에서 합성되지 않아 반드시 식품을 통해 섭취해야 한다. 2020년도 한국인 영양소 섭취기준에서는 이 두 가지 필수지방산의 섭취기준을 설정하였고 체내에서 α-리놀렌산으로부터 생합성되는 EPA와 DHA 양도 충분하지 않아 EPA+DHA 섭취기준을 설정하였다(표 2-3).

(3) 인지질

지질의 한 종류인 인지질은 세포막의 기본 구조와 신경세포를 구성하는 중요한 역할을 한다. 식품에서는 물과 기름이 잘 섞이게 하는 유화제 역할도 한다. 달걀노른자에는 레시틴이라는 인지질이 많이 들어있어, 식물성 기름과 식초의 혼합물과 같이 섞이지 않는 두 액체에 달걀노른자를 넣으면 층이 분리되지 않는 마요네즈를 만들 수 있다.

(4) 콜레스테롤

콜레스테롤은 동물 체내 세포에 존재하는 지질의 일종으로, 특히 뇌나 신경조직에 많이 함유되어있다. 성호르몬이나 부신피질호르몬, 담즙, 비타민 D의 전구체가 되는 중요한 물질이다.

2) 지질의 기능

지질은 1 g당 9 kcal의 에너지를 낸다. 지질은 에너지를 효율적으로 저장하므로 우리가 섭취하고 남은 에너지는 중성지방으로 저장된다. 피하조직이나 장기 주위에 저장된 지질은 체온을 조절하거나 장기를 보호해준다. 지질을 구성하는 필수지방산은 세포막 인지질의 구성성분이거나 아이코사노이드의 전구물질로 혈압, 면역기능 등 다양한 생리기능을 조절한다. 이것이 부족하면 성장장애, 피부질환 등의 증상이 나타나므로 총 에너지의 1~2% 정도를 필수지방산으로 섭취해야 한다. 특히 오메가-3 지방산인 DHA는 뇌의 구성성분으로, 뇌의 발달이 왕성한 태아기나 영아기 및 유아기에 충분히 공급하는 것이 매우 중요하다.

인지질과 콜레스테롤은 세포막의 주요 구성성분이다. 지질은 함께 섭취한 지용성 비타민의 흡수를 촉진시킨다. 식품에 들어있는 지질은 맛과 풍미를 더해주기 때문에, 지질 함량이 높은 식품일수록 대체로 맛있게 느껴진다.

표 2-3 **지질의 종류별 섭취기준(19~29세)**

영양소		1일 섭취기준
에너지적정비율	총지방	15~30%
	포화지방	7% 미만
	트랜스지방	1% 미만
충분섭취량	리놀렌산	남 13.0 g, 여 10.0 g
	α-리놀렌산	남 1.6 g, 여 1.2 g
	EPA+DHA	남 210 mg, 여 150 mg
만성질환위험감소섭취량	콜레스테롤	300 mg/일 미만

자료: 보건복지부·한국영양학회(2020). 2020 한국인 영양소 섭취기준.

3) 적절한 섭취량

지질은 하루 총 에너지 섭취량의 약 15~30%를 섭취하는 것이 권장되며, 각 지방산에 대한 19~29세의 섭취기준은 표 2-3과 같다. 지질은 탄수화물이나 단백질보다 g당 에너지를 더 많이 발생시키므로, 적은 양을 섭취해도 상대적으로 에너지를 많이 섭취하게 된다. 식생활이 서구화되면서 지질 섭취가 점차 증가하고 있는데, 과잉 섭취는 비만이나 암, 심혈관질환 등의 발병과 관련이 있으므로 주의해야 한다.

5. 비타민이란?

체내에서 에너지를 제공하는 탄수화물, 단백질, 지질 외에도 에너지를 제공하지는 않지만 소량으로 체내 생리작용에 반드시 필요한 미량영양소가 존재하는데 이것이 바로 비타민과 무기질이다. 비타민은 탄소(C), 수소(H), 산소(O) 등을 포함한 유기물질로, 지방에 녹는 지용성 비타민과 물에 녹는 수용성 비타민으로 분류할 수 있다.

표 2-4 **지용성 비타민과 수용성 비타민의 특성 비교**

지용성 비타민	수용성 비타민
• 지방에 녹으며, 물에는 녹지 않음 • 비교적 안정하여 조리 중 파괴되지 않음 • 지방과 함께 흡수됨 • 혈액 중 운반단백질과 함께 이동 • 간과 지방조직에 저장 • 과량 섭취하면 독성이 나타날 수 있음 • 섭취량이 부족해도 결핍증이 서서히 나타남	• 물에 녹음 • 조리 중 쉽게 파괴되거나 조리수에 용출됨 • 대부분 저장되지 않음 • 소변으로 쉽게 배설되므로 독성이 거의 없음 • 섭취량이 부족하면 결핍증이 쉽게 나타남

표 2-5 **비타민의 종류와 다른 이름**

종류			다른 이름
지용성 비타민	비타민 A		레티놀
	비타민 D		콜레칼시페롤
	비타민 E		토코페롤
	비타민 K		필로퀴논
수용성 비타민	비타민 B군	티아민	비타민 B_1
		리보플라빈	비타민 B_2
		니아신	비타민 B_3
		비타민 B_6	피리독신
		엽산	폴레이트, 폴릭산, 비타민 B_9
		비타민 B_{12}	코발라민
		비오틴	비타민 B_7
		판토텐산	비타민 B_5
	비타민 C		아스코르브산

1) 지용성 비타민

지용성 비타민은 비교적 안정적이어서 조리 중에 덜 파괴되며, 섭취된 비타민은 지방과 함께 림프관으로 흡수된 후 혈액으로 이동한다. 주로 간과 지방조직에 저장되므로 섭취량이 부족해도 결핍증이 서서히 나타나지만, 소변으로 배설되는 양이 제한되어있어 과량 섭취하면 독성이 나타난다. 각 비타민의 주요 기능과 결핍증 및 급원식품은 표 2-6과 같다.

(1) 비타민 A

비타민 A는 정상적인 성장과 발달, 세포의 분화, 상피세포의 건강, 시력 보호, 면역기능 유지 등 다양한 역할을 한다. 비타민 A가 부족하면 면역기능이 저하되어 감염되기 쉽고 피부건조, 안구건조증, 야맹증 등이 나타날 수 있다. 간·우유·달걀 등의 동물성 식품에 들어있는 형태를 레티노이드라고 하며, 당근이나 시금치 등의 녹황색 채소에 들어있는 형태를 카로티노이드라고 한다. 카로티노이드는 체내에서 비타민 A 역할을 하는 레티노이드로 전환되므로 프로비타민 A라고도 한다. 카로티노이드 중에서 대표적인 것이 베타카로틴으로, 이것은 체내에서 비타민 A로 전환되어 비타민 A의 역할도 하지만 베타카로틴 그 자체로 항산화 역할도 하는 중요한 성분이다.

표 2-6 비타민의 기능, 결핍증 및 급원식품

종류		주요 기능	결핍증	주요 급원식품
지용성 비타민	비타민 A	정상적인 성장과 발달, 상피세포의 건강, 시력, 면역기능	피부건조, 안구건조증, 야맹증	간, 우유, 달걀, 녹황색 채소
	비타민 D	칼슘과 인의 흡수와 이용을 도와 뼈의 건강을 유지	구루병, 골연화증, 골다공증	지방이 많은 생선, 간, 난황, 버섯
	비타민 E	항산화제	적혈구 용혈현상, 골격근증	견과류, 종실류, 식물성 기름
	비타민 K	혈액 응고와 골 대사	혈액 응고 시간이 길어지고 출혈이 생김	푸른잎 채소, 김치
수용성 비타민	티아민	탄수화물 및 에너지 대사에서 필요한 효소의 조효소 역할	식욕 부진, 체중 감소, 무감각, 기억력 감퇴, 각기병	돼지고기, 간, 전곡, 콩류
	리보플라빈		설염, 구순구각염, 피부염	우유, 달걀, 육류, 푸른잎 채소
	니아신		식욕 부진, 허약, 펠라그라	육류, 생선류
	비타민 B6	단백질 대사에서 필요한 효소의 조효소 역할	빈혈, 경련, 피부염	육류, 생선, 가금류, 바나나
	엽산	아미노산 대사와 DNA 합성	빈혈, 위장장애, 태아의 신경관 결손	푸른잎 채소, 콩류
	비타민 B12	엽산 대사, 신경조직 유지	악성빈혈, 신경계 이상	동물성 식품, 발효식품
	비타민 C	콜라겐 합성, 항산화	상처 회복 지연, 빈혈, 괴혈병	신선한 과일과 채소

(2) 비타민 D

비타민 D는 칼슘과 인의 흡수와 이용을 도와 뼈의 건강을 유지하는 중요한 영양소이며, 세포 증식과 분화 조절 및 면역기능에도 관여한다. 자외선에 의해 피부에서 합성되기도 하지만, 실외활동을 많이 하지 않고 자외선 차단제를 많이 사용하는 현대인들에게 부족하기 쉬운 비타민이다. 비타민 D가 부족하면 구루병(그림 2-5), 골연화증, 골다공증 등이 생길 수 있다. 주로 연어, 고등어, 정어리, 참치 등 지방이 많은 생선, 간, 난황, 버섯, 우유 및 유제품 등에 들어있다.

(3) 비타민 E

비타민 E는 세포막을 구성하는 인지질이 산화되는 것을 방지하는 항산화제의 역할을 하여 세포막을 보호한다. 결핍 시 적혈구 용혈현상, 골격근증 등이 나타날 수 있으나 결핍증이 나타나는 일은 매우 드물기 때문에 대부분의 사람이 충분히 섭취하는 것으로 여겨진다. 주로 콩류·아몬드·잣 등의 견과류와 해바라기씨·참깨 등의 종실류, 이들로부터 얻어진 식물성 기름에 많이 들어있다.

(4) 비타민 K

비타민 K는 혈액 응고와 골 대사에 관련된 단백질을 활성화시키는 조효소의 역할을 한다. 건강한 성인의 경우 결핍증이 별로 나타나지 않지만 간질환, 지방흡수불량, 약물 복용 등에 의해 부족해질 수 있다. 이러한 경우에는 혈액 응고 시간이 길어지고 출혈이 나타날 수 있다. 푸른잎 채소, 김치 등에 풍부하게 들어있고 장내 미생물에 의해서도 합성된다.

2) 수용성 비타민

수용성 비타민은 가열하거나 빛에 노출되면 파괴되기 쉽고, 조리수에도 쉽게 용출된다. 대부분 체내 저장량이 극히 적어 섭취량이 부족하면 결핍증이 쉽게 나타나며, 과량 섭취하더라도 소변으로 배설되어 독성은 거의 없다. 종류로는 비타민 B군과 비타민 C가 있다.

(1) 티아민, 리보플라빈, 니아신

예전에는 티아민과 리보플라빈을 각각 비타민 B_1, 비타민 B_2라고 불렀으나 최근에는 티아민,

리보플라빈이라는 이름을 사용하고 있다. 티아민, 리보플라빈, 니아신은 탄수화물 및 에너지 대사에 관여하는 다양한 효소의 조효소 역할을 한다. 따라서 탄수화물, 단백질, 지질을 많이 섭취할 경우 에너지 대사가 원활하게 일어나야 하므로 이들 비타민도 많이 섭취해야 한다.

티아민은 신경자극 전달에도 중요한 역할을 한다. 이것이 부족하면 피로, 식욕 부진, 체중 감소, 무감각, 기억력 감퇴, 신경 퇴화 등의 증상이 나타난다. 정제된 곡류를 많이 섭취하거나 알코올에 중독된 경우에 결핍증이 나타나기 쉽다. 현미 등 도정하지 않은 전곡류와 돼지고기, 내장육에 많이 함유되어있다.

리보플라빈이 부족하면 입 가장자리에 염증이 생기는 구순구각염 및 설염, 피부염 등의 증상이 나타난다(그림 2-5). 리보플라빈은 주로 우유, 달걀, 육류, 푸른잎 채소에 많이 들어있다.

니아신이 부족하면 식욕 부진, 허약 증세와 심한 피부염 및 설사를 동반하는 펠라그라 증세가 나타난다. 니아신은 주로 육류와 생선류에 많이 들어있다.

(2) 비타민 B_6, 엽산, 비타민 B_{12}

비타민 B_6, 엽산, 비타민 B_{12}의 공통점은 아미노산 대사에 관여한다는 것이다. 특히 비타민 B_6는 모든 아미노산과 단백질의 대사에 필요한 효소의 조효소 역할을 한다. 따라서 단백질을 많이 섭취하면 비타민 B_6도 많이 섭취해야 단백질과 아미노산의 대사가 원활하게 일어난다. 이

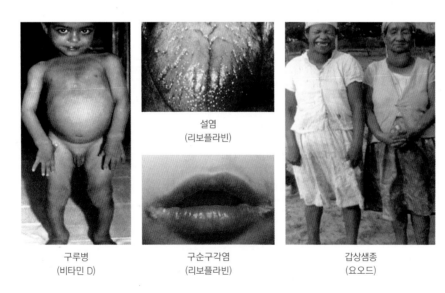

설염
(리보플라빈)

구루병
(비타민 D)

구순구각염
(리보플라빈)

갑상샘종
(요오드)

그림 2-5 비타민·무기질 결핍증의 예

외에도 비타민 B_6는 적혈구 합성에도 필요하며 이것이 부족하면 빈혈, 경련, 피부염 등이 나타난다. 이것은 주로 육류, 생선, 가금류 등 단백질이 많이 들어있는 식품과 바나나에 많이 함유되어있다.

엽산은 메티오닌, 세린, 히스티딘 등 일부 아미노산의 대사에 필요하며, DNA 합성에 필요한 조효소 역할도 한다. DNA는 새로운 세포가 만들어질 때 합성되어야 하므로, 임신기와 성장기에 특히 많은 양이 필요한 영양소이다. 엽산은 신경관결손증이라는 태아 기형을 예방해주는 것으로 알려져 있어 임신 전부터 충분히 섭취하는 것이 권장된다. 또 적혈구 성숙에도 필요하여, 부족 시 거대적아구성빈혈이 나타날 수 있다. 엽산은 푸른잎 채소, 콩류, 과일 등에 많이 들어있다.

비타민 B_{12}는 아미노산인 메티오닌 합성과정에서 엽산과 함께 사용되며, 엽산의 대사에도 필요하다. 비타민 B_{12}가 부족하면 엽산 대사에 이상이 생겨 2차적으로 엽산마저 결핍되어 엽산의 결핍 증세와 같은 거대적아구성빈혈이 나타난다. 비타민 B_{12}는 소장에서 흡수될 때 위에서 분비되는 내적 인자가 반드시 필요한데, 이 내적 인자가 부족한 경우에는 악성빈혈이 나타난다. 주로 동물성 식품에 존재하지만 해조류와 김치, 된장 등 발효식품에 함유되어있어 대부분의 한국 사람에게 부족하지 않은 영양소이다.

(3) 비타민 C

비타민 C는 결합조직인 콜라겐의 합성에 필요하며, 세포 내에서 항산화 역할을 한다. 결핍 시에는 상처가 잘 회복되지 않고, 심한 경우 괴혈병이 나타난다. 또 철의 흡수를 도와주므로, 부족 시 빈혈이 생길 수 있다. 주로 신선한 과일과 채소에 많이 들어있다.

6. 무기질이란?

무기질은 탄소(C), 수소(H), 산소(O)를 포함하지 않는 무기원소로 비타민과 달리 신체를 구성하는 역할도 한다. 사람이 섭취해야 하는 무기질은 20여 종이다. 하루 100 mg 이상 섭취해야 하는 무기질을 다량무기질, 그보다 적은 양을 필요로 하는 무기질을 미량무기질이라고 한다.

체내 다량무기질 함량은 그림 2-6에서 비교할 수 있으며 무기질의 주요 기능, 결핍증 및 급원식품은 표 2-7에서 살펴볼 수 있다.

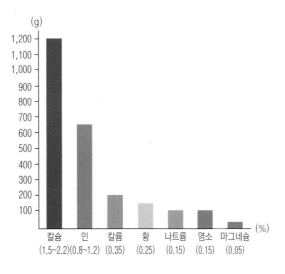

그림 2-6 체내 다량무기질의 함량

표 2-7 무기질의 기능, 결핍증 및 급원식품

종류		주요 기능	결핍증	주요 급원식품
다량 무기질	칼슘	골격과 치아의 구성, 근육 수축, 신경 자극 전달, 혈액 응고	구루병, 골다공증, 근육 경련	우유 및 유제품, 뼈째 먹는 생선, 녹색 채소, 두부
	인	골격과 치아의 구성, 산염기 평형, ATP의 구성성분	거의 없음	거의 모든 식품
	마그네슘	신경 안정, 근육 이완, 효소의 보조인자	성장 저하, 근육 경련, 심부전	채소류, 콩류, 견과류
	나트륨	삼투압 유지, 산염기 평형, 신경자극 전달	저혈압, 메스꺼움, 근육 경련	소금, 가공식품
	염소	삼투압 유지, 산염기 평형	거의 없음	소금, 해조류
	칼륨	삼투압 유지, 산염기 평형	근육 경련, 불규칙한 심장박동	채소, 과일
	황	아미노산과 비타민의 구성성분	거의 없음	단백질 식품
미량 무기질	철	적혈구의 구성성분으로 산소 운반, 에너지 대사, 면역기능	창백, 피로, 두통, 빈혈	육류, 어패류, 가금류, 곡류, 녹색 채소
	아연	효소의 보조인자, 상처 회복, 면역기능	성장 부진, 식욕 저하, 상처 회복 저하	육류, 가금류, 콩류, 굴
	구리	철의 흡수와 이동을 도움, 효소의 보조인자, 항산화작용	빈혈, 심장질환	내장, 견과류, 콩류, 해산물
	불소	뼈와 치아의 구성성분	충치, 골다공증	차, 해산물, 해조류
	요오드	갑상샘호르몬의 구성성분, 대사율 조절, 성장, 뇌 발달,	갑상샘종, 성장 위축, 지능 저하	해조류, 요오드 첨가 소금
	셀레늄	항산화작용, 비타민 E 절약	근육 약화, 심근장애	육어류, 내장, 패류, 난황

1) 다량무기질

(1) 칼슘, 인, 마그네슘

칼슘과 인은 뼈와 치아를 구성하는 주요 성분으로, 체내에 가장 많은 양이 존재하는 무기질이다. 칼슘은 체중의 약 1.5~2.2%, 인은 약 0.8~1.2% 정도를 차지한다. 체내 칼슘의 약 99%는 뼈와 치아에 존재하고, 나머지는 연조직과 혈액에 존재한다. 칼슘은 뼈를 구성하는 것 외에 근육 수축, 신경자극 전달, 혈액 응고에 꼭 필요하며 부족 시 구루병, 골연화증, 골다공증, 근육 경련 등의 증상이 나타나게 된다. 우유 및 유제품, 뼈째 먹는 생선, 녹색 채소, 두부 등에 많이 들어있다.

인은 약 80%가 뼈와 치아에 존재하고 나머지는 근육이나 혈액에 들어있다. 인은 산염기 평형과 효소의 활성 조절에 중요한 역할을 하며 세포막, DNA, RNA, ATP의 주요 구성성분이다. 동물성 식품, 곡류, 가공식품 등을 포함한 거의 모든 식품에 골고루 들어있어 결핍증이 나타나는 일은 흔하지 않다.

마그네슘도 체내에 있는 양의 반 이상이 뼈에 존재하며, 나머지는 근육조직에 많이 들어있다. 이것은 신경을 안정시키고, 근육을 이완시켜주며, 체내 여러 효소의 보조인자로 작용한다. 채소류, 콩류, 견과류에 많이 들어있다.

(2) 나트륨, 염소, 칼륨

나트륨, 염소, 칼륨은 체액에 양이온 또는 음이온 형태로 존재하며 전해질이라고 부른다. 칼륨은 주로 세포내액에, 나트륨과 염소는 주로 세포외액에 존재한다. 이들은 체내에서 수분 평형과 산염기 평형의 역할을 한다. 수분 평형이란 수분이 세포 안, 세포 밖, 혈관 내에 각각 균형 있게 존재하도록 조절하는 것을 말한다. 나트륨과 칼륨은 이외에도 근육 수축, 신경 자극 전달의 역할을 한다.

나트륨과 염소는 소금의 성분으로 조리 시 첨가하는 소금 때문에 필요량보다 많이 섭취하게 되므로 결핍되는 일이 거의 없고, 오히려 과잉 섭취하기 쉬우므로 주의해야 한다. 소금 외에도 가공식품, 화학조미료에 나트륨이 많이 함유되어있다. 칼륨은 채소 및 과일류에 많이 들어있으며 부족 시 근육 경련, 불규칙한 심장박동 등이 나타난다.

(3) 황

황은 시스테인, 메티오닌과 같은 함황아미노산이나 티아민, 비오틴과 같은 비타민의 구성성분이다. 약물 해독과 단백질의 구조 및 역할에 중요하게 쓰인다. 정상적인 식생활을 하고 있다면 단백질을 통해 충분한 양을 섭취할 수 있다. 육류, 생선, 달걀, 콩 등 단백질 식품에 많이 들어있다.

2) 미량무기질

(1) 철

철은 적혈구 내 헤모글로빈의 구성성분으로 산소를 운반하는 역할을 하며 에너지 대사에 필요한 효소의 보조인자로 작용한다. 산소는 세포 내에서 포도당이 분해되어 에너지를 만드는 데 필요하기 때문에, 결과적으로 철은 체내에서 에너지를 사용하기 위해 반드시 필요한 무기질이 된다. 철이 부족하면 피로해지고 창백해지거나 두통 등의 철결핍성 빈혈 증상이 나타난다. 철결핍성 빈혈은 어린이와 여성에게 매우 흔한 영양문제이다. 철은 육류, 어패류, 가금류, 녹색채소에 많이 들어있으며, 동물성 식품에 함유된 것이 흡수율이 높다.

(2) 아연

아연은 체내에서 200여 개 효소의 보조인자로 사용되면서 다양한 체내 대사에 관여한다. 또 성장, 상처 회복, 면역기능 유지 등에 도움을 준다. 아연이 부족해지면 성장 부진, 생식기관 발달 저하, 식욕 저하 등의 증상이 나타난다. 육류, 가금류, 콩류, 굴 등에 많이 함유되어있다.

(3) 구리

구리는 철의 흡수와 이동을 돕고 결합조직을 정상적으로 유지하는 데 기여한다. 또 다양한 효소의 보조인자로 에너지 생성에 관여하고 항산화작용을 한다. 구리가 부족해지면 빈혈, 성장 장애, 심장질환 등이 발생한다. 내장육, 굴, 조개류, 견과류 등에 많이 들어있다.

(4) 요오드

요오드는 갑상샘호르몬의 성분이다. 갑상샘호르몬은 체내 에너지 대사를 조절하며, 정상적인 성장과 뇌의 발달에 필요하다. 따라서 요오드가 부족하면 갑상샘호르몬 생성량이 부족해져서 성장과 지능이 저하된다. 요오드는 해조류에 많이 함유되어 우리나라 사람에게는 별로 부족하지 않다. 하지만 요오드가 부족한 토양에 사는 사람들에게는 부족현상(그림 2-5)이 매우 흔하게 나타나기 때문에, 이러한 곳에서는 이를 예방하기 위해 요오드를 첨가한 소금을 제조하여 판매하고 있다.

(5) 불소

체내에서 불소는 약 95%가 뼈와 치아에 존재하면서 이것을 단단하게 하는 역할을 한다. 불소는 충치 원인균의 대사와 성장을 방해하여 충치를 예방하고, 골손실을 지연시켜 골다공증도 예방한다. 불소가 부족하면 충치 발생률이 증가하고, 노년기에 골다공증이 생길 위험이 높아진다. 주로 차, 해산물, 해조류 등에 많이 들어있다.

(6) 셀레늄

셀레늄은 비타민 E와 함께 항산화작용을 하며 갑상샘호르몬의 활성을 조절한다. 셀레늄이 부족하면 근육 약화, 성장 저하, 심근장애 등의 증상이 나타난다. 주로 육류, 어류, 내장육, 조개류, 견과류 등에 많이 함유되어있다.

7. 수분이란?

1) 체내 분포

성인의 체내에서 수분이 차지하는 비중은 체중의 약 50~60%이며, 신생아는 약 70~80%이다. 연령이 증가할수록, 지방 함량이 증가할수록 체내 수분량은 감소한다. 체내 수분의 약 2/3는 세포 내에 존재하고, 약 1/3은 세포외액으로 존재한다. 사람은 체수분의 2%가 손실되면 갈증을 느끼고, 4%가 손실되면 활동이 어려우며, 20%가 손실되면 생명을 잃게 된다.

2) 기능

수분은 생명 유지에 필수적인 역할을 한다. 이것은 세포 내에 있는 여러 물질의 용매 및 윤활제 역할을 하며, 체액과 혈액의 주성분으로 영양소와 노폐물을 운반하고 체온을 조절해준다.

3) 적절한 섭취량

우리 몸은 하루 2.0~2.5 L 정도의 수분을 필요로 한다. 수분은 채소나 과일 등에 많이 들어있으며 국, 찌개 등을 조리할 때도 많이 첨가하므로, 음식으로부터 하루에 약 1.2 L 정도를 섭취하게 된다. 대사과정에서도 약 300 mL 정도의 수분이 생성되므로 물이나 음료로는 1~1.2 L 정도를 마시는 것이 적당하다(그림 2-7).

체내에 유입된 수분은 소변으로 하루 1.4 L 정도가 배설되고, 대변으로는 약 200 mL, 나머지는 피부와 폐를 통해 배설된다. 날씨가 덥거나, 땀을 흘릴 때, 열이 날 때, 설사나 구토 등을 할 때는 수분의 배설량이 증가하므로 물을 더 많이 섭취하는 것이 좋다.

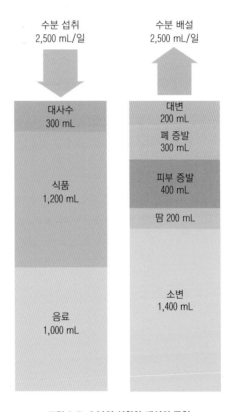

그림 2-7 **수분의 섭취와 배설의 균형**

연습문제

1. 영양소의 정의와 종류를 설명해보자.

2. 매일 다양한 식품을 섭취해야 하는 이유를 설명해보자.

3. 내가 싫어하는 식품은 무엇일까? 그 식품에 많이 들어있는 영양소는 무엇일까? 그 영양소를 충분히 섭취하기 위해서는 어떠한 식품을 대신 섭취해야 할까?

03

건강한 식단 만들기

이 장에서는 건강한 식생활을 위한 적절한 식품 섭취량에 대해 알아본 후 앞에서 배운 내용을 바탕으로 남녀 대학생들이 실제로 하루 동안 섭취한 음식을 분석하여 영양 평가를 해보도록 한다. 하루 동안의 음식 섭취만으로 평상시의 식생활이 적절한지 정확하게 평가할 수는 없으나, 잘못된 음식 섭취를 통한 문제점을 파악하여 그 개선책을 함께 생각해보도록 한다.

1. 건강한 식사는 어떻게 구성할까?

1) 적절히 섭취해야 하는 식품의 종류

식품구성자전거(그림 1-1)는 자전거 바퀴를 이용하여 우리가 섭취해야 하는 6가지 식품군을 구별하여 만든 식품 모델이다. 6가지 식품군에 권장식사패턴의 섭취 횟수와 분량에 비례하도록 자전거 바퀴의 면적을 분할하였다. 운동을 권장하는 의미에서 자전거 모형을 선택하였고 앞바퀴 안에 물컵을 넣어 수분 섭취를 강조하였다. 곡류가 차지하는 면적은 가장 크게 나타냈다. 따라서 식품구성자전거를 이용하면 식품군 안에서 다양한 식품을 선택하여 식품군별 섭취 횟수와 자신에게 적합한 에너지를 선택할 수 있어, 자신이 하루 섭취해야 할 식품의 양과 횟수를 계획할 수 있다.

2) 적절히 섭취해야 하는 식품의 양

영양소 섭취기준(Dietary Reference Intakes, DRIs)은 건강한 식생활을 위한 식사 섭취의 기준으로, 국민의 건강증진 및 만성질환 예방을 위한 에너지 및 각 영양소의 적정 섭취 수준을 제시한다. 여기에는 현대에 증가하고 있는 만성질환의 증가 추세를 고려하여 만성질환 위험 감소를 위한 영양소 섭취기준을 제시하였다. 따라서 이 장에서 제시하는 영양소 섭취기준은 에너지 및 영양소 섭취 부족으로 인해 생기는 결핍증 예방과 과잉 섭취로 인한 건강문제 예방 및 만성질환에 대한 위험요소의 감소까지 포함한 개념이다. 영양소 섭취기준은 성별, 나이, 활동량과 체격 조건에 따라 달라지므로 개인별로 차이가 나며 보통 권장섭취량, 충분섭취량, 상한섭취량, 만성질환위험감소섭취량, 에너지필요추정량, 에너지적정비율로 표현하게 된다.

권장섭취량(Recommended Nutrient Intake, RNI)은 연령별·성별 건강한 인구집단의 97~98%가 인체가 필요한 영양소 필요량을 충족시킬 수 있다고 추정되는 평균 일일 영양소섭취량이다.

충분섭취량(Adequate Intake, AI)은 건강한 인구집단에서 영양소 섭취량의 중앙값으로, 인체 필요량에 대한 과학적 근거가 충분하지 않을 때 사용되는 추정값이다.

상한섭취량(Tolerable Upper Intake Level, UL)은 건강에 유해한 영향을 미칠 위험이 없는 일일 최대 섭취량이다. 과잉 섭취로 인해 생기는 유해영향에 대한 근거가 있을 때 제정한다.

만성질환위험감소섭취량(Chronic Disease Risk Reduction intake, CDRR)은 건강한 인구집단에서 만성질환의 위험을 감소시킬 수 있는 영양소의 최저 수준의 섭취량이다. 이는 과학적 근거가 충분할 때 설정할 수 있다.

에너지필요추정량(Estimated Energy Requirement, EER)은 건강한 인구집단이 에너지 균형을 유지할 수 있는 평균 에너지 섭취량으로, 개인의 신체활동수준도 고려한다(표 3-1). 체중과 신장, 연령과 신체활동을 고려한 개인별 1일 에너지필요추정량 산출공식이 49쪽 상자 안에 제시되어있다.

한국인의 연령별·성별, 신장과 체중의 기준치에 따른 하루 에너지필요추정량은 표 3-2에 나타내었다. 이를 바탕으로 2020년 한국인 영양소 섭취기준을 설정할 때는 각 에너지필요추정량에 따른 권장식사패턴을 설정해두었다. 에너지별 권장식사패턴은 표 3-3과 같다.

에너지필요추정량(성인)

남성 $662 - 9.53 \times$ 연령(세) $+$ PA*$\{15.91 \times$ 체중(kg) $+ 539.6 \times$ 신장(m)$\}$
여성 $354 - 6.91 \times$ 연령(세) $+$ PA$\{9.36 \times$ 체중(kg) $+ 726 \times$ 신장(m)$\}$

* PA: 신체활동단계별 계수, 표 3-1 참조

표 3-1 에너지필요추정량 산출공식에 적용되는 신체활동단계별 계수

신체활동단계	신체활동수준(PAL)	신체활동단계별 계수(PA)	
		성인	
		남	여
비활동적(sedentary)	1.00~1.39	1.00	1.00
저활동적(low active)	1.40~1.59	1.11	1.12
활동적(active)	1.60~1.89	1.25	1.27
매우 활동적(very active)	1.90~2.50	1.48	1.45

자료: 보건복지부. 2020 한국인 영양 섭취기준.

표 3-2 연령별·성별 신장과 체중에 따른 하루 에너지필요추정량 및 권장식사패턴

구분	연령(세)	신장(cm)	체중(kg)	에너지필요추정량(kcal/일)
남성	19~29	174.6	68.9	2,600
	30~49	173.2	67.8	2,500
	50~64	168.9	64.5	2,200
	65~74	166.2	62.4	2,000
	75 이상	163.1	60.1	1,900
여성	19~29	161.4	55.9	2,000
	30~49	159.8	54.7	1,900
	50~64	156.6	52.5	1,700
	65~74	152.9	50.0	1,600
	75 이상	146.7	46.1	1,500

자료: 보건복지부. 2020 한국인 영양소 섭취기준.

표 3-3 에너지별 권장식사패턴

에너지(kcal)	B타입*					
	곡류	고기·생선·달걀·콩류	채소류	과일류	우유·유제품	유지·당류
1,000	1.5	1.5	5	1	1	2
1,100	1.5	2	5	1	1	3
1,200	2	2	5	1	1	3
1,300	2	2	6	1	1	4
1,400	2.5	2	6	1	1	4
1,500	2.5	2.5	6	1	1	4
1,600	3	2.5	6	1	1	4
1,700	3	3.5	6	1	1	4
1,800	3	3.5	7	2	1	4
1,900	3	4	8	2	1	4
2,000	3.5	4	8	2	1	4
2,100	3.5	4.5	8	2	1	5
2,200	3.5	5	8	2	1	6
2,300	4	5	8	2	1	6
2,400	4	5	8	3	1	6
2,500	4	5	8	4	1	7
2,600	4	6	9	4	1	7
2,700	4	6.5	9	4	1	8

* 성장기 어린이 및 청소년의 특징을 반영하여 하루에 우유를 2컵 섭취하는 A타입과 우유를 1컵 섭취하는 B타입으로 구분하여 제시함.
자료: 보건복지부. 2020 한국인 영양소 섭취기준 활용편.

에너지적정비율(Acceptable Macronutrient Distribution Range, AMDR)은 만성질환과 영양 불균형의 위험성을 줄이면서 충분한 필수영양소를 섭취할 수 있는 탄수화물, 단백질, 지방의 에너지 섭취 적정범위이다. 에너지적정비율은 총 에너지에 대한 퍼센트로 표현되며 2015년에 개정한 19세 이상 에너지적정비율은 표 3-4와 같다.

표 3-4 영양소별 에너지적정비율

| 성별 | 연령 | 에너지적정비율(%) | | | | |
| | | 탄수화물 | 단백질 | 지질[1] | | |
				지방	포화지방산	트랜스지방산
영아	0–5(개월)	–	–	–	–	–
	6–11	–	–	–	–	–
유아	1–2(세)	55–65	7–20	20–35	–	–
	3–5	55–65	7–20	15–30	8 미만	1 미만
남성	6–18 이상	55–65	7–20	15–30	8 미만	1 미만
	19–75 이상	55–65	7–20	15–30	7 미만	1 미만
여성	6–18	55–65	7–20	15–30	8 미만	1 미만
	19–75 이상	55–65	7–20	15–30	7 미만	1 미만
임신부		55–65	7–20	15–30	–	–
수유부		55–65	7–20	15–30	–	–

1) 콜레스테롤: 19세 이상 300mg/일 미만 권고.
자료: 보건복지부. 2020 한국인 영양소 섭취기준.

표 3-5 20대 남녀 체위 평균과 영양소별 1일 영양소 섭취기준

성별	남성	여성
평균신장(cm)	174.6	161.4
평균체중(kg)	68.9	55.9
체질량지수(kg/m²)**	22.6	21.4
에너지(kcal)*	2600	2000
단백질(g)	65	55
탄수화물(g)	130	130
식이섬유(g)*	30	20
비타민 A(μg RAE)	800	650
비타민 D(μg)*	10	10
비타민 E(mg α–TE)*	12	12

(계속)

성별	남성	여성
비타민 K(mg)*	75	65
비타민 C(mg)	100	100
티아민(mg)	1.2	1.1
리보플라빈(mg)	1.5	1.2
니아신(mg NE)	16	14
비타민 B_6(mg)	1.5	1.4
비타민 B_{12}(μg)	2.4	2.4
엽산(μg)	400	400
칼슘(mg)	800	700
인(mg)	700	700
나트륨(g)*(만성질환위험 감소섭취량)	1.5(2.3)	1.5(2.3)
철(mg)	10	14
아연(mg)	10	8

* 에너지의 경우 필요추정량, 식이섬유, 비타민 D, 비타민 E, 비타민 K, 나트륨의 경우 충분섭취량으로 제시하고 기타 수치는 권장섭취
  량으로 제시함.
** 체질량지수란 비만을 판정하는 지표로 체중(kg) ÷ 신장^2(m^2)로 계산하며 18.5~22.9까지가 정상임.
자료: 보건복지부. 2020 한국인 영양소 섭취기준.

연령별 평균 체위에 따른 영양소별 1일 영양소 섭취량은 이미 지정되어 있으나, 여기서는 20
대 남녀의 평균 체위에 따른 영양소별 1일 영양소 섭취기준만 따로 정리하여 표 3-5에 나타내
었다.

이는 영양소별로 적절한 섭취량을 나타내고 있으므로, 실제로 어떠한 식품을 얼마나 섭취
해야 하는지는 알 수 없다. 따라서 식품구성자전거로 섭취해야 하는 식품군별 비율을 파악한
후, 식품군별 1인 1회 섭취 분량을 이용하여 실제 식단을 계획할 수 있다.

표 3-6~3-11은 한국 사람이 일반적으로 많이 먹는 대표 식품을 식품군별로 선별하고 영양
소 함량을 고려하여 1인 1회 섭취분량(serving size)을 설정해놓은 것이다. 이를 이용하면 자
신의 필요에너지에 따른 식단을 구성할 수 있다.

표 3-6 곡류의 주요 식품과 1인 1회 분량 및 1회 분량에 해당하는 횟수

쌀밥 (210 g) 보리밥 (210 g) 백미 (90 g) 현미 (90 g) 수수 (90 g) 팥 (90 g)

가래떡 (150 g) 백설기 (150 g) 국수 말린 것 (90 g) 라면사리 (120 g) 우동 생면 (200 g) 당면 (30 g)*

고구마 (70 g)* 감자 (140 g)* 옥수수 (140 g)* 밤 (60 g)* 묵 (200 g)* 시리얼 (30 g)*

식빵 (35 g)* 과자 비스킷/쿠키 (30 g)* 밀가루 (30 g)* 과자 스낵 (30 g)*

품목	식품명	1회 분량(g)**	횟수***
곡류 (300 kcal) 곡류	백미, 보리, 찹쌀, 현미, 조, 수수, 기장, 팥, 귀리, 율무	90	1회
	옥수수	70	0.3회
	쌀밥	210	1회
면류	국수/메밀국수/냉면국수(말린 것)	90	1회
	칼국수/우동(생면)	200	1회
	당면	30	0.3회
	라면사리	120	1회
떡류	가래떡/백설기	150	1회
빵류	식빵	35	0.3회
시리얼류	시리얼	30	0.3회
감자류	감자	140	0.3회
	고구마	70	0.3회
기타	묵	200	0.3회
	밤	60	0.3회
	밀가루, 전분, 빵가루, 부침가루, 튀김가루(혼합)	30	0.3회
과자류	과자(비스킷, 쿠키)	30	0.3회
	과자(스낵)	30	0.3회

* 표시는 0.3회.

** 1회 섭취하는 가식부 분량임.

*** 곡류 300 kcal에 해당하는 분량을 1회라고 간주하였을 때, 해당 1회 분량에 해당하는 횟수임.

자료: 보건복지부. 2020 한국인 영양소 섭취기준.

표 3-7 고기·생선·달걀·콩류의 주요 식품과 1인 1회 분량 및 1회 분량에 해당하는 횟수

	돼지고기 (60 g)	쇠고기 (60 g)	닭고기 (60 g)	오리고기 (60 g)	소시지 (30 g)	햄 (30 g)
	고등어 (70 g)	명태 (70 g)	참치통조림 (60 g)	오징어 (80 g)	바지락 (80 g)	새우 (80 g)
	어묵 (30 g)	멸치 말린 것 (15 g)	명태 말린 것 (15 g)	오징어 말린 것(15 g)	달걀 (60 g)	두부 (80 g)
	대두 (20 g)	잣 (10 g)*	땅콩 (10 g)*	캐슈넛 (10 g)*		

	품목	식품명	1회 분량 (g)**	횟수***
고기·생선·달걀·콩류 (100 kcal)	육류	쇠고기(한우, 수입우)	60	1회
		돼지고기, 돼지고기(삼겹살)	60	1회
		닭고기	60	1회
		오리고기	60	1회
		햄, 소시지, 베이컨, 통조림햄	30	1회
	어패류	고등어, 명태/동태, 조기, 꽁치, 갈치, 다랑어(참치), 대구, 가자미, 넙치, 광어, 연어	70	1회
		바지락, 게, 굴, 홍합, 전복, 소라	80	1회
		오징어, 새우, 낙지, 문어, 주꾸미	80	1회
		멸치자건품, 오징어(말린 것), 새우자건품, 뱅어포(말린 것), 명태(말린 것)	15	1회
		다랑어(참치통조림)	60	1회
		어묵, 게맛살	30	1회
		어류젓갈	40	1회
	난류	달걀, 메추라기알	60	1회
	콩류	대두, 완두콩, 강낭콩, 녹두, 렌틸콩	20	1회
		두부	80	1회
		두유	200	1회
	견과류	땅콩, 아몬드, 호두, 잣, 해바라기씨, 호박씨, 은행, 캐슈넛	10	0.3회

* 표시는 0.3회.

** 1회 섭취하는 가식부 분량임.

*** 고기·생선·달걀·콩류 100 kcal에 해당하는 분량을 1회라고 간주하였을 때, 해당 1회 분량에 해당하는 횟수임.

자료: 보건복지부. 2020 한국인 영양소 섭취기준.

표 3-8 채소류의 주요 식품과 1인 1회 분량 및 1회 분량에 해당하는 횟수

당근 (70 g)	양배추 (70 g)	오이 (70 g)	무 (70 g)	애호박 (70 g)	콩나물 (70 g)
부추 (70 g)	풋고추 (70 g)	상추 (70 g)	시금치 (70 g)	토마토 (70 g)	양파 (70 g)
마늘 (70 g)	배추김치 (40 g)	총각김치 (40 g)	열무김치 (40 g)	깍두기 (40 g)	표고버섯 (30 g)
느타리버섯 (30 g)	김 (2 g)	미역 (10 g)	다시마 마른 것 (10 g)	우엉 (40 g)	연근 (40 g)

채소류 (15 kcal)

품목	식품명	1회 분량(g)*	횟수**
채소류	파, 양파, 당근, 풋고추, 무, 애호박, 오이, 콩나물, 시금치, 상추, 배추, 양배추, 깻잎, 피망, 부추, 토마토, 쑥갓, 무청, 붉은 고추, 숙주나물, 고사리, 미나리, 취나물, 늙은 호박, 파프리카	70	1회
	배추김치, 깍두기, 단무지, 열무김치, 총각김치	40	1회
	우엉, 연근, 도라지, 토란대	40	1회
	마늘, 생강	10	1회
해조류	건미역, 건다시마	10	1회
	김	2	1회
버섯류	느타리버섯, 표고버섯, 양송이버섯, 팽이버섯, 새송이버섯	30	1회

* 1회 섭취하는 가식부 분량임.
** 채소류 15 kcal에 해당하는 분량을 1회라고 간주하였을 때, 해당 1회 분량에 해당하는 횟수임.
자료: 보건복지부. 2020 한국인 영양소 섭취기준.

표 3-9 **과일류의 주요 식품과 1인 1회 분량 및 1회 분량에 해당하는 횟수**

과일류 (50 kcal)	수박 (150 g)	딸기 (150 g)	참외 (150 g)	사과 (100 g)	배 (100 g)	복숭아 (100 g)
	귤 (100 g)	오렌지 (100 g)	바나나 (100 g)	키위 (100 g)	감 (100 g)	포도 (100 g)
	자두 (100 g)	대추 말린 것 (15 g)				

품목	식품명	1회 분량(g)*	횟수**
과일류	수박, 참외, 딸기,	150	1회
	사과, 귤, 배, 바나나, 감, 포도, 복숭아, 오렌지, 키위, 파인애플	100	1회
	건포도, 대추(말린 것)	15	1회

* 1회 섭취하는 가식부 분량임.
** 과일류 50 kcal에 해당하는 분량을 1회라고 간주하였을 때, 해당 1회 분량에 해당하는 횟수임.
자료: 보건복지부. 2020 한국인 영양소 섭취기준.

표 3-10 우유·유제품류의 주요 식품과 1인 1회 분량 및 1회 분량에 해당하는 횟수

	우유 (200 mL)	호상요구르트 (100 g)	액상요구르트 (150 mL)	아이스크림/셔벗 (100 g)	치즈 (20 g)*

우유· 유제품류 (125 kcal)	품목	식품명	1회 분량(g)**	횟수***
	우유	우유	200	1회
	유제품	치즈	20	0.5회
		요구르트(호상)	100	1회
		요구르트(액상)	150	1회
		아이스크림	100	1회

* 표시는 0.5회.
** 1회 섭취하는 가식부 분량임.
*** 우유·유제품류 125 kcal에 해당하는 분량을 1회라고 간주하였을 때, 해당 1회 분량에 해당하는 횟수임.
자료: 보건복지부. 2020 한국인 영양소 섭취기준.

표 3-11 유지·당류의 주요 식품과 1인 1회 분량 및 1회 분량에 해당하는 횟수

	깨 (5 g)	콩기름 (5 g)	버터 (5 g)	설탕 (10 g)	물엿 (10 g)
	꿀 (10 g)	커피믹스 (12 g)			

유지·당류 (45 kcal)	품목	식품명	1회 분량(g)*	횟수**
	유지류	참기름, 콩기름, 커피프림, 들기름, 유채씨기름/채종유, 흰깨, 들깨, 버터, 포도씨유, 마요네즈	5	1회
		커피믹스	12	1회
	당류	설탕, 물엿/조청, 꿀	10	1회

* 1회 섭취하는 가식부 분량임.
** 유지·당류 45 kcal에 해당하는 분량을 1회라고 간주하였을 때, 해당 1회 분량에 해당하는 횟수임.
자료: 보건복지부. 2020 한국인 영양소 섭취기준.

3) 건강한 식품과 영양소 섭취를 증가시키는 요령

다음은 건강한 식생활을 유지하여 건강체중을 유지하고 만성질환의 위험을 감소시킬 수 있는
몇 가지 기본 방법이다.

- 매일 다양한 종류의 식품을 골고루 선택한다.
- 끼니마다 6가지 식품군에서 골고루 선택한다.
- 한국인의 식사에 부족하기 쉬운 영양소인 칼슘, 철과 같은 무기질, 식이섬유와 비타민 D
  같은 비타민을 풍부하게 제공하는 식품을 선택한다. 이들 영양소의 좋은 급원식품은 과
  일, 채소, 콩류, 전곡류, 유제품, 등 푸른 생선이다.
- 단백질 식품을 선택할 때 기름이 제거된 살코기나 껍질이 없는 가금류를 이용하여 동물
  성 지방의 섭취를 감소시킨다.
- 지나치게 자극적인 음식과 짠 음식, 에너지만 있고 다른 영양소는 들어있지 않은 탄산음
  료나 단 음식은 피한다.
- 아침·점심·저녁의 식사 배분을 적정하게 하고, 간식을 과식하지 않는다. 특히 야식은 피
  한다.

2. 실제 대학생의 식단을 평가·개선해볼까?

1) 윤주경 양의 식단

대학교에 다니는 윤주경 양(21세, 키 161 cm, 몸무게 53 kg, 저활동적)이 하루에 먹는 식사의
내용은 표 3-12와 같다.

표 3-12 **윤주경 양의 하루 식사**

끼니	섭취한 음식	분량
아침식사	믹스커피	1잔
	치즈케이크	1조각
간식	초코파이	1개
점심식사	햄치즈샌드위치	1개(150 g)
	아메리카노	1잔
	쿠키	1조각
저녁식사	김치볶음밥	1그릇
	단무지	7조각
	배추된장국	1그릇

(1) 식사의 실태와 문제점

윤주경 양의 한국인 영양소 섭취기준 대비 하루 식단의 영양소 섭취비율은 그림 3-1, 끼니별 에너지 기여율은 그림 3-2와 같다. 필요추정량을 계산한 결과, 윤주경 양의 경우 하루 약 2,074 kcal가 필요하지만 실제로는 1,432 kcal를 섭취하였다. 윤주경 양의 현재 체중은 정상이지만 제시된 분량의 식사를 지속할 경우 저체중이 될 우려가 있다.

에너지필요추정량(49쪽 참조)

$354 - 6.91 \times 21 + 1.12^* [9.36 \times 53 + 726 \times 1.61] = 2,073.6$ kcal

* PA: 표 3-1 참조

BMI 지수

$53/(1.61)^2 = 20.45$(건강체중)

윤주경 양의 현재 식사의 에너지 영양소별 비율과 적정비는 표 3-13과 같다. 탄수화물의 경우에는 48.4%로 적정비율에 미치지 못하고, 지질은 39.2%로 과도하게 섭취하였다. 결과적으

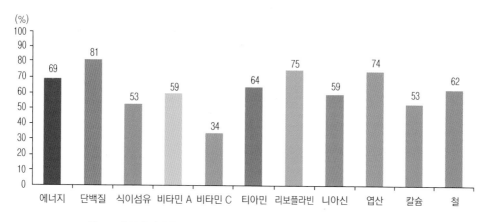

그림 3-1 윤주경 양이 현재 식단에서 섭취하는 영양소의 권장량에 대한 섭취비율(%)

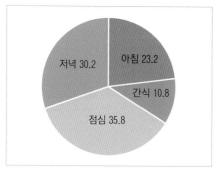

그림 3-2 윤주경 양의 현재 식단에서 끼니별 에너지
기여율(%)

표 3-13 윤주경 양의 현재 식단에서 하루 에너지 영양소의 에너지
구성비율과 적정비율(%)

	식사비율	적정비율
탄수화물	48.4	55~65
단백질	12.4	7~20
지질	39.2	15~30

로 총 에너지는 부족하면서 영양 불균형을 이루고 있음을 알 수 있다. 따라서 믹스커피나 치
즈 같은 기름진 음식 섭취량을 줄이고, 탄수화물이 함유된 음식을 먹어서 식이를 적정 비율로
조절해야 한다.

비타민 A

20대 여성의 비타민 A 권장섭취량은 하루 650 μgRAE이다. 이를 기준으로 윤주경 양의 비타
민 A 섭취비율을 살펴보면 59%로, 이러한 식사를 지속하면 비타민 A가 결핍될 위험이 있다.
비타민 A를 지속적으로 부족하게 섭취하면 야맹증, 안구건조증, 각막연화증 등 눈과 관련된
질병과 식욕 부진 등이 초래된다. 비타민 A의 급원식품은 간, 생선, 간유, 전지분유, 달걀, 당근,
시금치와 같은 녹황색 채소 및 해조류로 이와 같은 음식의 섭취가 권장된다.

비타민 C

20대 여성의 비타민 C 하루 권장섭취량은 100 mg이다. 이를 기준으로 윤주경 양의 비타민 C 섭취비율을 살펴보면 34%로 결핍의 위험이 있다. 비타민 C가 결핍되면 만성피로, 코피, 가쁜 숨, 소화장애, 우울증 등이 초래될 수 있다. 비타민 C의 급원식품은 신선한 채소와 과일(딸기, 오렌지, 레몬, 고추, 귤, 피망, 브로콜리, 키위, 토마토, 감자, 양배추, 시금치)로 이와 같은 음식 섭취가 권장된다. 보충제의 형태로 자주 섭취하게 되는 비타민 C는 상한 섭취량이 2,000 mg 으로, 과도하게 섭취하지 않도록 주의해야 한다.

칼슘

윤주경 양의 식사 분석 결과, 칼슘 섭취량이 53%로 20대 여성의 권장량에 미치지 못하는 것을 알 수 있다. 주기적으로 커피(카페인)를 다량 섭취하면 칼슘의 필요량이 증가하는데, 칼슘을 부족하게 섭취할 경우 골질량이 감소할 수 있고 골연화증 및 골다공증, 골격질환, 순환기계 질환, 고혈압, 동맥경화, 고지혈증, 대장암을 유발할 수 있으므로 주의가 필요하다. 칼슘의 급원식품은 우유 및 유제품(요구르트나 치즈류), 뼈째 먹는 생선, 푸른잎 채소, 해조류 등이며 우리나라의 주요 칼슘 급원식품은 멸치, 치즈, 깨, 김, 대두, 깻잎, 미역, 우유 등이다. 따라서 이같은 식품의 추가 섭취를 통해 칼슘 결핍을 예방해야 한다.

철

윤주경 양의 철 섭취비율은 62%로 기준치보다 부족하게 섭취한 것을 알 수 있다. 한국 여성의 철의 권장섭취량은 14 mg으로 월경혈 손실량을 추가로 고려하여 남성보다 많은 양을 섭취해야 한다. 철 결핍은 흔히 빈혈을 유발하며, 이외에도 인지능력 손상 및 신체작업 수행능력 손상이 우려된다. 따라서 철의 급원식품인 육류, 생선 및 조육류, 내장육, 특히 간, 난황, 콩류 및 채소류의 추가 섭취가 권장된다.

식이섬유

윤주경 양의 식이섬유 섭취량은 10.5 g으로 식이섬유의 충분섭취량인 20 g에 미치지 못하고 있다. 식이섬유는 섭취가 불충분해도 필수영양소처럼 생물학적·임상적 결핍증상이 나타나지 않으나, 식이섬유 섭취 부족은 배변량을 감소시켜 이에 따른 장 기능 저하를 초래할 수 있다. 또 식이섬유는 혈당의 수준을 낮추고 혈청 콜레스테롤 수준을 정상화시키는 데 도움을 주는 것으로 알려져 있다. 따라서 식이섬유가 풍부한 채소류, 과일류, 곡류, 해조류, 버섯류 등의 추가 섭취를 통해 식이섬유 섭취량을 늘려야 한다.

(2) 개선된 식사의 예시

지금까지의 내용을 바탕으로 개선된 식사를 살펴보면 표 3-14와 같다.

표 3-14 윤주경 양의 개선 전후 식단 비교

끼니	개선 전(1,432 kcal)		개선 후(1,946 kcal)	
	섭취한 음식	분량	섭취한 음식	분량
아침식사	믹스커피	1잔	저지방 우유	1잔
	치즈케이크	1조각	사과	1개
			고구마	1개(중)
간식	초코파이	1개	치즈케이크	1조각
			감자샐러드	1개
			아메리카노	1잔
점심식사	햄치즈샌드위치	1개	샌드위치	1개
	아메리카노	1잔	방울토마토	1접시
	쿠키	1조각	플레인요구르트	1개
저녁식사	김치볶음밥	1그릇	김치볶음밥	1그릇
	단무지	7조각	배추된장국	1그릇
	배추된장국	1그릇	달걀프라이	1개
			김구이	6장

2) 윤주경 양의 개선된 식사에 대한 평가

윤주경 양은 건강체중 범위에 속해 있으므로 필요한 만큼의 식사를 섭취하는 것이 적절하다. 따라서 개선 전의 저에너지 식사보다 더 많은 종류와 양으로 식단을 구성하였다. 이전의 1,432 kcal 식단과 비교해보면, 개선된 식단은 윤주경 양의 적정 섭취에너지인 2,074 kcal에 가

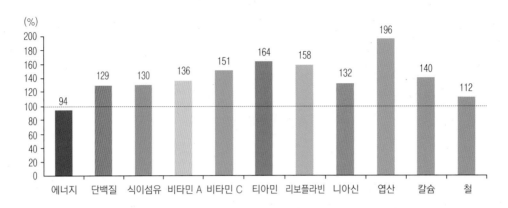

그림 3-3 윤주경 양이 개선된 식단에서 섭취하는 영양소의 권장량에 대한 섭취비율

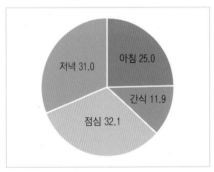

그림 3-4 윤주경 양의 개선된 식단에서 끼니별 에너지
기여율(%)

표 3-15 윤주경 양의 개선된 식단에서 하루 에너지 영양소의 에너지
구성비율과 적정비율(%)

	식사비율	적정비율
탄수화물	64.2	55~65
단백질	14.4	7~20
지질	21.4	15~30

까운 1,946 kcal로 변화하였다. 이는 아침식사와 간식에서 단순당을 많이 함유한 믹스커피와 초코파이를 제외한 것으로, 새로운 식단은 감자, 고구마, 우유 등의 다양한 에너지 영양소로 구성되어있다. 또 저녁식사에 부족한 단백질을 섭취하도록 하기 위해 달걀프라이를 추가하였다. 커피는 하루 2잔에서 1잔으로 줄였으며, 유제품류와 과일류를 각 2회씩 제공하여 충분한 칼슘과 식이섬유를 섭취하도록 하였다.

연습문제

- 나의 하루 식단을 적어보고 다양한 영양상태 평가 앱(예: 팻시크릿(FatSecret), 메뉴젠(MenuGen))을 사용한 다음 아래 질문을 바탕으로 나의 영양상태를 평가해보자.

  1) 내가 섭취한 음식들을 6가지 식품군으로 나누어보자. 각 식품군에 해당하는 식품을 골고루 섭취했는지 살펴보자.

  2) 가장 부족하게 섭취한 식품군은 무엇이며 이 식품군의 섭취 부족은 어떤 영양소의 결핍을 초래하는지 알아보자. 또 이는 어떤 질병을 초래하는지 조사해보자.

  3) 영양상태 평가 앱으로 나의 영양상태를 살펴보고 개선할 점을 찾아 이상적인 식단을 구성해보자. 이를 다시 앱으로 확인하여 개선된 영양상태를 평가해보자.

living topics
DIET
for
YOU

PART 2
건강한 현재

04 청년기의 건강문제와 영양관리

05 건강체중관리

06 카페인, 술, 담배

04

청년기의 건강문제와 영양관리

일부 국가에서는 급격한 경제 성장과 더불어 식품산업의 발전으로 인해 풍부한 먹거리가 제공되고 있으나, 일부 영양소는 과잉 섭취하고 일부 미량영양소는 여전히 부족하게 섭취하는 영양 불균형으로 인해 많은 사람이 질병에 시달리고 있다. 한편 일부 국가에서는 여전히 경제적인 빈곤으로 사람들이 인체 성장과 체력 유지에 필수적인 영양소마저 섭취하지 못하여 영양 결핍증과 이로 인한 사망률 증가가 초래되고 있다. 식품산업의 발달은 편리한 먹거리를 제공해준다는 장점이 있으나, 가공식품의 과잉 섭취를 초래하여 에너지·지방·당·소금의 과다 섭취와 식이섬유, 항산화 영양소, 일부 무기질과 비타민 섭취 부족의 원인이 되기도 한다.

학교에서 단체급식을 제공받는 10대에는 한 끼 이상 균형 잡힌 영양식을 섭취할 수 있으나, 20대에는 식단이 개인의 선택에 달려 있으므로 상당수의 청년에게 영양 불균형이 나타나게 된다. 현대인이 가진 식생활의 문제점은 영양 결핍보다는 영양 과잉 또는 가공식품의 빈번한 섭취와 불규칙한 식사로 인한 영양 불균형이다. 그동안 실시되었던 국민건강영양조사에 나타난 우리 국민의 식품 및 영양소 섭취 양상의 주요 변화를 살펴보면 곡류와 채소 섭취량 감소, 육류를 비롯한 동물성 식품과 패스트푸드 섭취량 증가 등 식품 섭취 양상이 변화하고 에너지, 동물성 지방, 동물성 단백질, 당류와 소금 섭취량이 증가한 것을 알 수 있다.

여기서는 이러한 영양소 섭취 불균형이 초래하는 문제를 살펴보고, 20대에 흔히 발생하는 질병과 관련된 각 영양소의 역할 및 균형 잡힌 영양소 섭취의 중요성을 알아보기로 한다.

1. 청년기 식단의 문제는?

현대인들은 가공식품 섭취 증가, 불규칙한 식사, 편식 등으로 인한 심각한 영양 불균형문제를 안고 있다. 이들은 온갖 스트레스에 시달리며 운동은 잘 하지 못하는 등 심각한 건강 위험상태에 직면해있다. 경제 발전과 식품산업 및 유통산업 발달로 먹거리는 과거보다 풍부해졌으나, 이러한 상황에서는 개인의 선택에 따라 식생활의 질이 양극화될 수밖에 없다. 더욱이 가공식품과 패스트푸드 등 영양의 균형이 맞지 않는 식품의 섭취빈도가 높아져 일부 영양소는 과잉 섭취하고, 일부 영양소는 매우 부족하게 섭취하는 상황이 벌어지고 있으므로 다양한 식품을 적정량 섭취하고자 노력해야 한다.

특히 자취하는 청년들 사이에서 유제품과 과일 섭취가 부족한 문제, 라면이나 배달음식 같은 일품요리에 의존하는 비율이 높아지는 문제 등 다양한 식생활문제가 점차 늘어나고 있다.

1) 영양 불균형

현대인들은 풍성한 먹거리를 두고도 불균형한 식생활로 인해 오히려 건강을 잃을 위기에 처해 있으므로 국민의 영양교육을 통해 균형 잡힌 영양을 이룰 수 있는 식품과 식단 선택을 돕고, 자신에게 맞는 적절한 양을 섭취하여 만성질환을 예방하도록 해야 한다. 또 인터넷 등을 통한 매스미디어의 사회적 기능이 확대되면서, 지나치게 마른 체형을 선호하고 자신의 체형에 대해 왜곡된 인식을 갖게 된 젊은 여성들이 무분별한 체중 조절을 하게 되어 이것이 영양 결핍의 원인이 되고 있다(그림 4-1).

특히 외모에 예민하고 자기 의지로 식사 섭취를 조절해야 하는 20대 청년들의 경우, 음식 섭취를 잘 통제하지 못하여 비만이 발생하거나 잘못된 다이어트로 인한 영양 결핍이 일어나는 등 섭식과 관련한 양극화현상이 나타나고 있다. 지나친 체중 조절로 단식 또는 절식을 하면 그림 4-2와 같은 각종 건강문제가 발생하며, 특히 가임기의 젊은 여성에게 나타나는 영양 부족은 2세의 건강에 위험요인으로 작용할 수 있다. 따라서 20대의 건강, 나아가 성인기의 건강을 지키기 위해서는 올바른 영양지식을 알고, 적절한 식생활 조절로 영양 과잉이나 영양 부족의 문제를 예방해야 한다.

편식, 잦은 외식 · 가공식품, 패스트푸드 스낵류 · 심리적 스트레스 · 운동 부족 · 무분별한 다이어트 · 심리적 스트레스 · 식욕 부진, 질병 · 식생활에 대한 무관심

그림 4-1 **영양 불균형**

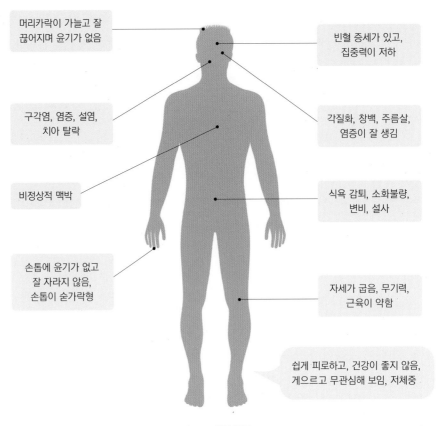

머리카락이 가늘고 잘
끊어지며 윤기가 없음

빈혈 증세가 있고,
집중력이 저하

구각염, 염증, 설염,
치아 탈락

각질화, 창백, 주름살,
염증이 잘 생김

비정상적 맥박

식욕 감퇴, 소화불량,
변비, 설사

손톱에 윤기가 없고
잘 자라지 않음,
손톱이 숟가락형

자세가 굽음, 무기력,
근육이 약함

쉽게 피로하고, 건강이 좋지 않음,
게으르고 무관심해 보임, 저체중

그림 4-2 **영양 부족**

2) 결식과 외식

자유로운 식생활환경에 놓여 있는 20대 청년들은 학업과 일 등의 바쁜 생활로 인해 아침 결식
을 하거나 규칙적으로 식사하기 어려운 때가 많다. 또 가정식을 먹기보다는 외식을 하는 일이
빈번하고, 외식 시에도 패스트푸드를 섭취하는 비율이 높으며, 영양 균형이 맞지 않는 단조로
운 식사를 하는 경우도 많다.

활력이 넘치는 하루를 위한 에너지를 섭취하고 효율적으로 사용하기 위한 비타민 및 무기
질 등의 영양소는 아침에 골고루 섭취하는 것이 좋다. 특히 우유나 과일은 외식을 통해 보충
하기 어려운 식품으로, 아침식사 시 하루에 필요한 양을 섭취하는 것이 좋다. 사람의 체온은

자는 동안 내려가며, 아침에 일어나 활동을 하면서 올라간다. 이때 아침식사를 하면 신체활동의 에너지원을 공급할 수 있고, 두뇌활동을 활발히 하는 데 도움이 된다. 체온을 높이려면 단백질을 섭취해야 하고, 잠에서 깬 두뇌의 활동 에너지원으로는 탄수화물을 먹어야 하며, 포만감을 얻고 지속적인 에너지원을 얻기 위해서는 지방을 적절한 비율로 섭취해야 한다.

20대 청년들은 잦은 외식을 통해, 균형 잡힌 식사보다는 에너지나 당 및 지방 등이 과잉 함유되어있는 음식을 섭취할 가능성이 더 크므로 6가지 식품군을 골고루 섭취하지 못하게 된다. 따라서 외식을 할 때는 건강한 식생활지침에 따른 메뉴를 선택하는 것은 물론이고, 각 식품군을 골고루 섭취하려는 마음가짐과 건강한 식생활을 실천하려는 의지를 가져야 한다.

3) 간식과 가공식품 섭취

청년들은 장년층보다 정제된 식품과 가공식품을 많이 소비하는 편이다. 가공식품에는 에너지, 당, 소금, 지방 등이 많이 들어있으나 미량영양소가 부족하여 균형 잡힌 식품으로 보기 어렵고 첨가물 함유량도 높은 편이다. 청년에게 주로 나타나는 영양 불균형과 관련된 영양소는 칼슘이나 철처럼 부족하게 섭취하기 쉬운 무기질과 인이나 나트륨처럼 과잉 섭취하기 쉬운 무기질로 나누어진다. 또 항산화효과가 있는 비타민 A 및 비타민 E, 효율적인 에너지 대사에 필요한 비타민 B군 등이 부족한 경우가 많다. 일부 청년 중에서는 채소를 싫어하고 육류 중심의 서구식 식단을 선호하는 경우가 나타나 비타민 C가 부족한 경우가 생길 수도 있다.

반면 비타민 C가 다량 함유된 기호식품이나 음료 등의 남용으로 비타민 C 섭취량이 너무 많은 경우도 보고된다. 가공식품이나 기호식품에는 트랜스지방의 함량도 높을 수 있으므로 주의해야 하지만, 우리나라에서는 트랜스지방 함량 표시의 규제와 함께 이러한 성분이 거의 저감화되었다. 다만, 수입식품이나 마가린 및 쇼트닝 등의 고체 유지를 많이 사용한 가공식품, 즉 팝콘이나 과자, 감자튀김, 페이스트리(pastry) 등을 많이 섭취하면 트랜스지방을 하루 권고기준 이상 먹게 될 수도 있다. 트랜스지방은 포화지방산보다 건강에 2~4배 정도 나쁜 것으로 알려져 있어, 세계보건기구(WHO)에서는 이것의 섭취를 하루 2.2 g 이하로 제한할 것을 권장하고 있다.

4) 과음

대학생들의 과도한 알코올 섭취로 인해 초래된 불행한 뉴스들이 전해지면서 대학과 사회의 음주문화가 조금씩 나아지고는 있지만, 여전히 일부에서는 폭음과 잦은 음주로 인한 건강문제 및 사회문제가 발생하고 있다. 특히 신입생들은 아직 자신의 생활을 절제하는 것에 미숙하고, 일부에서는 입학 초기에 선배들과 어울리는 자리에서 본의 아니게 그릇된 음주문화에 노출되어 건강을 해치거나 우발적인 사고로 인해 대학생활에 어려움을 겪기도 한다.

음주로 인한 문제는 인체의 여러 기관을 손상시킨다(그림 4-3). 이러한 문제는 아주 심각해지기 전까지는 자각증상이 없는 경우가 많아 음주습관이 조금씩 나빠질 수 있으므로 항상 주의해야 한다. 따라서 자가 진단을 통해 자신의 음주습관을 평가해보고, 좋지 않은 습관을 가졌다면 건강을 위해 과음을 삼가고 주변의 도움을 받아서라도 이를 교정하도록 노력해야 한다(부록 참조). 20대 음주문제에 대한 자세한 사항은 6장을 참고하도록 한다.

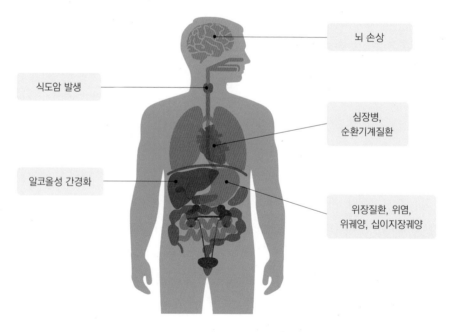

그림 4-3 **과음으로 인해 발생하는 문제**

2. 청년기의 건강문제는?

20대는 급격한 성장기를 지나 성인기로 들어서는 때이지만, 신체활동이 가장 왕성하여 특별한 건강관리나 영양관리 없이 좋은 식습관 유지만으로 건강을 관리하기가 수월한 시기이다. 그러나 자신의 건강을 맹신할 수 있기 때문에, 건강관리에 소홀해지기 쉬운 시기이기도 하다.

이 시기에 건강관리를 제대로 하지 않아 영양의 균형이 깨지면, 차후 만성질환으로 이어질 수 있으므로 주의해야 한다. 특히 여성은 임신과 출산 등 중요한 신체 변화를 앞두고 있으므로, 이 시기의 생리적 특성을 이해하여 적절하고 균형 잡힌 영양관리를 해야 한다. 태아의 건강은 모체의 영양상태에 크게 좌우되며 모체의 영양 불균형은 오랜 기간 노력해야 정상화된다.

청년에게 흔히 발생하는 질환과 건강문제로는 스트레스관리 실패로 인한 소화기계질환, 그릇된 식습관과 생활습관으로 인한 골격질환과 빈혈, 식욕조절장애로 인한 섭식장애, 면역기능의 불균형으로 초래되는 질환 등이 있다.

1) 스트레스

스트레스의 부하는 우리가 의도적으로 조절할 수 없다. 현대인들은 남녀노소를 막론하고 스트레스를 받는다. 2016년 통계청의 사회조사보고서에 의하면 남성보다는 여성이 스트레스를 더욱 많이 받으며, 10대부터 40대에 이르기까지 스트레스가 지속적으로 증가하고 있다고 한다.

우리가 받는 스트레스는 크게 2가지로 나누어볼 수 있다. 하나는 개인의 질병과 사회문제를 일으키는 부정적인 스트레스(유해한 스트레스, distress)이고 다른 하나는 삶의 활력을 증가시키는 데 필요한 자극인 유익한 스트레스(eustress)이다. 방학을 앞두고 여행을 계획하며 마음이 들뜨는 것은 유익한 스트레스의 일종이며, 방학 전에 치르는 기말 시험에 대한 걱정은 부정적인 스트레스에 해당된다.

일반적으로 스트레스는 여러 가지 질환의 원인으로 알려져 있으나 스트레스가 없는 삶 역시 바람직하다고 볼 수는 없다. 앞서 설명한 유익한 스트레스는 우리를 적당히 자극하여 무엇인가 하게 하는 의지를 불러일으키고, 그 의지를 실현하는 동안에는 삶이 풍요로워진다. 그러나 유해한 스트레스를 과도하게 받거나 지속적으로 받으면 여러 가지 정신적·신체적 질환이

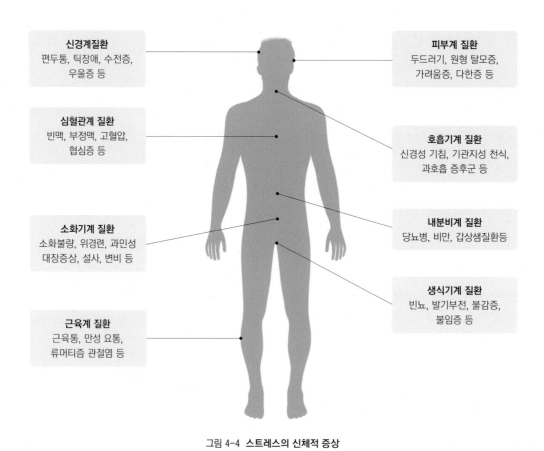

그림 4-4 스트레스의 신체적 증상
자료: 서울대학교병원 스트레스관리 홈페이지.

생길 수 있다. 따라서 피할 수 없는 스트레스는 긍정적인 스트레스로 전환하여 해소하고, 그에 유연하게 대처하는 등 스트레스를 관리하는 방법을 알아둘 필요가 있다.

(1) 스트레스 자가 진단의 필요성

스트레스를 관리하려면 우선 최근에 스트레스를 어느 정도 받고 있는지 파악해야 한다. 표 4-1은 스트레스로 인해 나타나는 신체 증상, 행동 변화, 심리 및 감정상태 등을 스스로 진단할 수 있도록 고안한 것이다. 표의 각 항목에는 스트레스로 인해 나타나는 심리와 행동 변화에 대한 내용이 있는데, 본인에게 이러한 증상이 나타나는지 평소에 주의하여 살펴볼 필요가 있다.

표 4-2에는 주변 환경 변화나 자기 습관 변화, 사회적 영향요인에 의해 변하는 생활변화량

을 점수화하여 제시하였다. 이를 통해 우리는 가장 큰 스트레스요인이, 배우자 혹은 사랑하는 사람의 죽음이라는 것을 알 수 있다. 충격척도의 우위를 차지하는 요인 중 상당부분이 건강과 관련되어 있으므로, 자신을 포함하여 가까운 사람들에게 스트레스를 덜 주려면 본인의 건강을 지키는 것도 중요하다.

표 4-1 **스트레스 자가 진단**

징조	진단항목
신체상의 징조	□ 숨이 막힌다. □ 목이나 입이 마른다. □ 불면증이 있다. □ 편두통이 있다. □ 눈이 쉽게 피로해진다. □ 목이나 어깨가 자주 결린다. □ 가슴이 답답해 토할 것 같은 기분이다. □ 식욕이 떨어진다. □ 변비나 설사를 한다. □ 신체가 나른하고 쉽게 피로를 느낀다.
행동상의 징조	□ 반론이나 불평, 말대답이 많아진다. □ 일의 실수가 증가한다. □ 주량이 증가한다. □ 필요 이상으로 일에 몰입한다. □ 말수가 적어지고 생각에 깊이 잠긴다. □ 말수가 많고, 말도 안 되는 주장을 펼칠 때가 있다. □ 사소한 말에도 화를 잘 낸다. □ 화장이나 복장에 관심이 없어진다. □ 사무실에서 개인적인 전화를 하거나 화장실에 가는 횟수가 증가한다. □ 결근, 지각, 조퇴가 증가한다.
심리·감정상의 징조	□ 언제나 초조해하는 편이다. □ 쉽게 흥분하거나 화를 잘 낸다. □ 집중력이 저하되고 인내력이 없어진다. □ 건망증이 심하다. □ 우울하고 쉽게 침울해진다. □ 뭔가를 하는 것이 귀찮다. □ 매사에 의심이 많고 망설이는 편이다. □ 하는 일에 자신이 없고 쉽게 포기하고는 한다. □ 무언가 하지 않으면 진정할 수가 없다. □ 성급한 판단을 내리는 경우가 많다.

※ 항목별로 4개 이상의 징조가 나타난다면 스트레스의 수준이 심각한 것으로 본다.
자료: 보건복지부.

표 4-2 **생활변화량 점수 계산을 위한 사회 재적응 평가척도(변화에 적응하는 스트레스)**

사건	충격척도
배우자 혹은 사랑하는 사람의 죽음	100
이혼	73
별거	65
가까운 친척의 죽음	63
자신의 상해와 질병	53
결혼	50
실직	47
가족의 건강 변화 혹은 행동상의 큰 변화	44
임신	40
성생활의 문제	39
새로운 가족구성원이 생김	39
직업 적응	39
재정적 상태의 변화	38
가까운 친구의 죽음	37
직장에서 다른 부서로의 배치	36
배우자와의 언쟁 증가	35
많은 액수의 부채	31
부채가 노출된 경우	30
자녀가 집을 떠나는 것	29
시집 식구 혹은 처가 식구와의 갈등	29
뛰어난 개인적 성취	28
아내가 취직을 하거나 반대로 일을 그만두는 상황	26
입학과 졸업	26
생활환경의 변화	25
습관을 고치는 것	24
직장상사와의 갈등	23
전학	20
취미활동의 변화	19
종교활동의 변화	19
사회활동의 변화	18
소액의 부채	17
수면습관의 변화	16
가족이 함께 모이는 횟수의 변화	15
식사습관의 변화	15
방학	13
크리스마스	12
가벼운 법규 위반	11

※ 총점이 200점 이상이면 질병을 일으킬 위험이 아주 높다.
자료: 보건복지부.

자가 진단 결과, 지나친 강도로 스트레스를 빈번하게 받고 있다면 이로 의해 몸과 마음에 해로운 결과가 나타날 수 있다. 인체는 스트레스를 받으면 호르몬이나 유사한 물질이 분비되어 이에 대처하려고 하면서 맥박과 호흡이 증가하고, 혈압이 상승하며, 정신활동이 증가하고, 골격근이 수축하는 등 다양한 신체 변화가 일어난다. 이러한 변화가 자주 반복되면 인체가 정신적·육체적으로 취약해져서 생리적인 자극에 대한 반응이 예민하게 일어나 각 기관에 질환을 야기할 수 있다. 또 스트레스는 면역계를 약화시켜 여러 가지 감염질환이나 암이 발생할 위험성을 증가시킬 수 있다.

(2) 적극적인 스트레스 대처법

스트레스를 조금 덜 받을 수 있는 마음의 자세는 표 4-3과 같다. 사람은 스트레스에 다양한 반응을 보이며, 특히 음식 섭취 양상이 다르게 나타날 수 있다. 즉, 마구 먹는 행동으로 스트레스를 완화시키는 경우가 있는가 하면, 어떠한 때는 식욕이 현저히 저하되거나 먹은 음식마저 소화시키지 못해 스트레스 상황이 더욱 악화되고 이를 극복하기가 어려워지기도 한다.

최근에는 사람이 심리적 스트레스를 받으면 세포에서 산화 스트레스가 일어나는 것으로 알려졌다. 산화 스트레스를 받은 사람의 몸에서는 항산화 영양소의 요구량이 늘어나므로 비타민이나 무기질을 많이 함유한 채소나 과일, 전곡류 섭취가 도움이 될 수 있다(표 4-4). 반면, 너무 많이 섭취했을 때 스트레스에 의한 생리 변화를 더욱 악화시키는 식품도 있다(표 4-5).

표 4-3 스트레스를 낮추기 위한 마음의 자세

마음의 자세	내용
목표 조금 낮추기	실행 가능성이 큰 현실적이고 구체적인 목표를 세운다.
일단 비켜가기	피할 수 없는 스트레스인 경우 잠시 휴식하며 조금 떨어져서 조용히 살핀다.
몸과 마음의 긴장 풀기	하루에 단 몇 분이라도 몸과 마음의 긴장을 풀고 충분히 이완하는 시간을 갖는다.
좋은 사람과의 대화	가족이나 친구, 애인과의 대화를 통해 긴장을 풀고 정서적 안정을 얻는다.
즐겁고 긍정적인 마음가짐	잘될 것이라는 긍정적 생각과 함께 자신과 남의 삶에 대해 낙관적인 견해를 갖도록 노력한다.

표 4-4 스트레스 해소에 도움이 되는 식품

식품	내용
신선한 과일과 채소	과일과 채소에는 비타민과 무기질이 듬뿍 들어있어 스트레스로 인해 소모량이 많아진 비타민과 무기질을 보충시켜준다.
녹차나 맑은 물	머리를 맑게 하고 이뇨작용을 하여 스트레스로 인해 쌓이는 노폐물을 배설시켜준다.
생선 및 저지방 육류	스트레스로 변화된 생리적 기능에 대처하기 위한 양질의 단백질을 많이 포함하고 있다.
우유	양질의 단백질·비타민·무기질이 풍부하고, 천연 수면유도제인 트립토판은 잠이 잘 오게 한다.
현미	비타민과 무기질이 풍부하고 섬유질이 많아 배설이 잘되게 한다.
다크초콜릿	견과류가 들어있는 달지 않은 초콜릿은 스트레스호르몬 분비를 감소시키고 신체를 이완시켜준다.

표 4-5 스트레스 해소에 도움이 되지 않는 식품

식품	내용
술	알코올은 일시적으로 기분이 안정되는 느낌을 주지만 장기간 섭취하면 오히려 흥분상태가 지속된다.
커피	카페인은 뇌를 자극하고 혈관을 수축시켜 스트레스를 더욱 자극한다.
청량음료	청량음료에는 많은 당분이 함유되어있고, 당은 스트레스에 대한 저항력을 떨어뜨린다.
스낵류	당분과 지방이 많이 포함되어 스트레스를 증가시킨다.

2) 속쓰림

우리가 섭취한 음식이 필요한 영양소가 되려면 소화기관을 통해 몸속에 흡수될 만한 형태로 변환되는 소화과정을 거쳐야 한다. 소화기관에 이상이 생기면 영양소 공급이 부족해져서 많은 영양문제가 초래된다. 20대는 정신적·신체적으로 가장 왕성한 시기로 질병에 걸릴 확률이 가장 낮다고 할 수 있으나, 위와 소화기계질환으로 고생하는 경우가 많다.

청년기에 흔한 위장병인 위식도역류증, 위염과 소화성 궤양은 그 원인이 서로 비슷하다. 위식도역류증은 위의 내용물이 역류하여 식도가 손상되는 증상이며, 위염은 주로 위점막이 세균 및 독소에 감염되거나 위산 과다로 인하여 염증이 생긴 경우이고, 소화성 궤양은 위나 십이지장벽이 위산에 의해 손상되어 조직이 상하고 출혈을 일으키는 경우이다.

(1) 위식도역류질환

위의 내용물이 식도로 올라와 불편한 증상을 유발하거나 이로 인한 합병증을 유발하는 질환이다. 식도 아랫부분에는 괄약근이 있어 위로부터 내용물이 역류하는 것을 막아주는데, 이러한 괄약근이 약해지거나 위 내 압력이 많이 증가하면 역류현상이 나타난다.

위는 배출된 점액질이 위점막을 감싸 강한 위산으로부터 위를 보호해주지만, 식도에는 이러한 보호작용을 해주는 것이 없다. 따라서 위의 강한 산성 내용물이 식도로 올라오면 무방비상태인 식도벽을 손상시켜 가슴쓰림이 생기고 식도 점막이 손상되어 출혈이 일어날 수 있으며, 식도 외 증상으로 흉통, 만성 기침, 쉰 목소리, 천식, 이물감 등의 증상이 나타나기도 한다.

위식도역류질환의 영양치료 및 관리법은 다음과 같다.

- 건강체중을 유지한다.
- 스트레스는 위산 분비를 증가시키므로 완화시킬 필요가 있다.
- 술이나 카페인을 함유한 커피와 에너지음료, 지방이 많은 식사는 피한다.
- 강한 자극성을 띤 마늘·파·양파·계피 등의 양념류와 향신료, 기호식품인 박하, 유기산이 많은 감귤류나 음료, 탄산음료 등을 피한다.
- 담배의 니코틴은 위산 분비를 촉진하고 괄약근의 압력을 저하시켜 증상을 악화시키므로 금연한다.
- 위산 역류를 방지하기 위해 저녁을 먹고 2~3시간 정도 지나 잠자리에 들고, 머리 쪽의 침상을 약간 높이고 잔다.
- 늦은 시간에 야식을 먹거나 과식하는 것을 피한다.

(2) 위염

흔히 소화불량이라고 부르며 간과하기 쉬운 위염은 병의 진행속도에 따라 급성위염과 만성위염으로 나누어진다. 급성위염의 주 원인은 폭식, 폭음, 소화가 잘 안 되는 음식 섭취, 부패한 식품 섭취, 약물, 스트레스 등이며 간혹 바이러스나 세균성 감염으로 인해 발생하기도 한다. 만성위염의 원인은 젊은 층에서 흔하게 생기는 과산성 위염과 노인층에서 많이 발생하는 저산성 위염으로 나누어진다. 과산성 위염은 스트레스 등으로 위산 분비가 과다하게 일어나면서 발생하는 반면, 저산성 위염은 위액이 분비되는 선세포가 위축되어 위액 분비가 줄어들면서 발생한다. 우리나라 만성위염 환자의 80% 정도가 헬리코박터 파이로리균에 감염되어있다고 보고될 만큼 한국인 만성위염의 주된 요인인 이 균은 위 속에 깊숙이 자리하고 있으며 퇴치가 어렵다.

급성 위염의 주요 증상은 상복부 통증이나 불쾌감, 소화불량, 팽만감, 메스꺼움, 구토와 역류 등이다. 급성위염은 단회성 질환으로 대개 2~3일 내에 치료된다. 만성위염은 급성과 달리 증상이 미약하여 무심하게 지나칠 수 있으며 대개 재발률이 높다. 만성위염이 반복해서 재발하면 위궤양, 심지어는 위암으로 발전할 수도 있으므로 반드시 적절한 치료를 받아야 한다.

위염을 치료할 때는 약물 사용과 식이요법을 병행해야 하며, 식사요법의 원칙은 다음과 같다.

- 급성기에는 위를 비운 다음 1~2일간 수분만 섭취하여 위를 안정시킨다.
- 급성기 이후에는 미음 등을 먹기 시작하여 죽, 밥으로 점차 바꾸어나간다.
- 과산성 위염 환자는 위를 자극하는 음식을 제한하여 위액 분비량을 낮춘다(이 경우 다음에 설명할 소화성 궤양과 같은 요령으로 음식물을 섭취한다).
- 저산성 위염 환자는 고깃국, 향기 좋은 과실, 과즙, 연한 커피, 홍차, 요구르트, 적정량의 알코올 등을 섭취할 수 있으며 식욕 증진을 위해 요리에 향신료와 양념을 사용할 수도

표 4-6 증상에 따른 만성위염의 대처법

구분	과산성 위염	저산성 위염
특징	위산 분비가 과다하게 일어나 제산제 복용률이 높다. 위산 분비를 억제하는 식사를 한다.	위궤양과 달리 제산제를 복용해서는 안 되며 소량씩, 영양가 높고 식욕을 증가시키는 식사를 한다.
대처법	• 자극이 강한 식품은 되도록 제한한다. • 겨자·후추 등의 향신료나 커피·홍차 등의 기호품을 피한다. • 고기는 위산 분비를 촉진하므로 다량의 육식은 피한다. • 지방은 위산 분비를 억제하므로, 소화하기 쉬운 버터나 참기름 등을 적당량 사용한다.	• 특별히 제한할 식품은 없다. • 위에 부담을 덜 주기 위해 식사 횟수는 늘리고, 1회 식사량은 적게 한다. • 식욕 증진을 위해 소량의 고깃국, 향기 좋은 과일, 과즙, 향신료, 알코올 등을 적절히 섭취한다. • 영양 보급과 체력 증진을 위해 달걀, 우유, 치즈 등의 유제품과 소화가 잘되는 흰 살 생선, 저지방 육류 등을 섭취한다.

있다.

- 위염 환자는 영양 보충과 체력 증진을 위해 달걀·우유·치즈 등의 단백질 급원과 소화가 잘되는 흰 살 생선, 저지방 육류 등을 적절히 섭취한다.

(3) 소화성 궤양

위궤양이나 십이지장궤양은 위산이 과다하게 분비되거나 위벽 혹은 십이지장벽을 보호하는 기능을 하는 점액의 부족으로 위점막이 손상되면서 발생한다. 사람의 위액에는 위산과 단백질 분해효소인 펩신이 포함되어있는데, 일부 위세포에는 위벽을 보호하기 위한 점액이 분비된다. 위산은 외부의 병원성 요인을 박멸하여 감염원으로부터 사람의 건강을 지키는 역할을 하는 것 외에도 단백질 분해효소인 펩신을 활성화하여 소화를 돕는 기능이 있다. 식사를 통해 위에 들어온 단백질은 펩신에 의해 일부 분해된다. 그러나 단백질로 이루어진 위벽은 점액으로 둘러싸여 있어 보호받는다. 십이지장벽은 점액의 보호를 받지는 못하나, 췌장으로부터 알칼리성 물질이 공급되어 내용물의 pH를 중성에 가깝게 유지한다. 위의 점막층이 손상되기 시작하면 얇아진 곳을 통해 위액이 위벽을 계속 손상시키고 상처가 나며, 출혈이 생기거나 심할 경우 위벽에 구멍이 생기는 천공이 초래된다.

위 점막이나 십이지장 점막의 손상은 위에서 열거한 원인 외에도 헬리코박터 파이로리균에 의해 일어난다는 사실이 알려져 있다. 우리나라는 만성위염 환자 중 80%가 이 세균에 감염되어 있어 소화성 궤양에 걸릴 확률이 매우 높은 것으로 밝혀졌다.

소화성 궤양이 발생하면 명치 주위가 쓰리고 아프거나 구역질, 구토 등이 동반되기도 한다. 식사 후에는 상복부에 통증이 발생하고 더부룩한 팽만증상이 위궤양의 경우 식후 30~60분, 십이지장궤양의 경우 식후 2~3시간쯤에 나타난다. 십이지장궤양은 공복 시 통증을 유발하기도 한다.

소화성 궤양의 영양치료 및 관리법은 다음과 같다.

- 헬리코박터 파이로리균에 감염되었을 때는 항생요법을 실시한다.
- 비스테로이드성 소염제 사용을 줄인다.
- 위산 분비 억제제의 도움을 받을 수 있다.
- 식품과 음식의 선택 시에는 표 4-7을 참고한다.

표 4-7 **궤양 환자의 허용식품과 금지식품**

구분	허용식품	증상이 발생하면 금지해야 할 식품
곡류	완전히 도정한 곡류, 쌀밥, 흰 빵, 시폰케이크, 카스텔라, 토스트, 죽류, 삶은 감자, 잔치국수, 칼국수	잡곡류, 덜 도정한 곡류(통밀, 현미 등), 보리, 튀긴 감자, 고구마, 지방이 많은 국수류(라면, 짜장면, 스파게티 등)
육·어류, 달걀	기름기가 적은 살코기, 가금류, 흰 살 생선, 굴, 새우, 수란, 찐 달걀	튀김, 베이컨, 소시지, 스팸, 살라미, 달걀프라이
국, 찌개, 수프	된장국, 맑은 찌개, 전골, 지방이 적은 수프	매운 국, 매운 찌개, 고지방 국물음식
채소류	대부분 허용	질긴 채소, 향이 강한 채소 등
우유 및 유제품	저지방 우유 및 유제품, 두유	고지방 우유 및 유제품, 생크림
과일	생과일, 통조림 등 대부분 허용	-
후식	후식 대부분 허용	지방이 많은 후식, 튀김, 파이류
음료	곡류음료, 허브차	탄산음료, 커피, 차, 코코아, 알코올
기타	간장, 된장, 유지류, 마요네즈	고춧가루, 고추장, 후추, 겨자

3) 변비

현대인들은 바쁜 일상이나 늦잠 후 등교 및 출근 준비로 인해 아침식사 후 자연스러운 변의를 억제하는 경우가 있다. 또한 아침 결식과 불규칙한 식습관, 운동 부족, 지나친 다이어트로 인한 식품 섭취량 감소 등도 변비의 원인이 된다.

변비는 대변을 보기 힘들거나 배변 횟수가 적은 경우(일반적으로 주 3회 미만), 변이 지나치게 굳어서 배출하기가 힘든 경우, 잔변감이 오래 남는 경우 등의 증세를 수반한다. 우리나라의 변비 유병률은 미국 다음으로 높다.

운동 부족이나, 부적절한 식품 섭취, 변의 억제 등 장의 운동신경이 약화되는 경우 흔히 이러한 증상이 수반된다. 변비는 주로 생리기능이 약화된 노인에게서 나타나지만, 수술 등으로 인해 오래 누워 있는 환자나 임산부, 다이어트를 심하게 하는 젊은 여성에게도 나타난다. 이들은 규칙적으로 변을 보지 못하거나, 한 번에 배출하는 변량이 적고 잔변감도 많이 느낀다. 변이 대장에 오래 머물면 탈수가 일어나 지나치게 단단해져 배출하기가 더욱 어려워진다.

표 4-8 배변에 영향을 미치는 식사요인

식사요인	영향
식이섬유	채소, 과일, 해조류, 전곡류 등의 식이섬유는 변의 용적을 증가시킨다.
당분과 유기산	과일주스, 꿀, 요구르트 등은 장벽을 자극하여 배변을 원활하게 해준다.
지방	튀긴 음식 등은 윤활작용을 하고 장벽을 자극해 연동작용을 돕는다.
향신료	식초, 고추, 후추, 고추냉이, 겨자 등 자극성이 있는 향신료는 연동작용을 활발하게 해준다.
우유 및 유제품	우유 및 유제품은 잔사를 많이 만들어 변의 용적을 증가시킨다.
탄산음료	탄산가스는 장벽을 자극한다.
서양자두(prune)	이사틴이라는 약리성분이 배변작용을 촉진한다.
물	식이섬유와 함께 하루 2,000 mL 이상 섭취하면 배변을 원활하게 해준다.

변비의 영양치료 및 관리법은 다음과 같다.

- 장벽을 자극할 만한 식품을 공급한다. 탄산음료, 유기산이 많은 과일과 채소 및 음료 등을 섭취하면 도움이 된다.
- 식사는 규칙적으로 하고, 충분한 식이섬유와 수분을 공급하여 변의 용량과 수분 함량을 늘린다. 전곡류로 만들어진 음식, 해조류, 버섯류 등을 섭취하면 도움이 된다.
- 장 운동을 일으키기 위해 하반신 운동을 하고 긴장을 완화시킨다.
- 변비약 복용은 자칫 습관성이 되기 쉬우므로 증상이 아주 심한 경우 외에는 사용하지 않는다.

4) 과민성 대장증후군

과민성 대장증후군은 위장관의 비정상적 운동으로 복통과 배변습관에 이상이 생기는 경우로, 정확한 원인은 밝혀져 있지 않다. 이는 지나친 심리적 긴장, 불안, 과로 등의 스트레스, 자극적인 음료인 커피나 콜라·술·홍차 등의 지나친 섭취, 설사약이나 항생제 남용, 과잉 면역, 식품 알레르기, 유당불내증 등과 관련이 있다.

과민성 대장증후군 환자는 대장이 과민하여 불규칙하게 수축하므로 일부는 변비와 설사가 번갈아 일어나며 복통과 구토, 메스꺼움을 동반하기도 한다. 배변습관이 변하고 장내 가스발 생량이 증가하여 불편감이 증가하기도 한다.

과민성 대장증후군의 영양치료 및 관리법은 다음과 같다.

- 사람에 따라 일정 식품(단당류나 밀가루 식품, 우유 및 유제품, 꿀, 올리고당, 고과당 시 럽, 주정, 인공감미료 등)을 섭취했을 때 증상이 나타나는 경우가 있으므로 이러한 식품 섭취를 피한다.
- 식이섬유 제한이 과민성 대장증후군 환자에게 도움이 되는지는 아직 확실하지 않지만, 불용성 식이섬유보다는 가용성 식이섬유가 부작용이 적고 장 운동 유지에 효과가 있으 므로 적정량 섭취한다.
- 가스를 발생시키는 식품은 과민성대장증후군 환자의 장을 더 불편하게 하므로 피한다.
- 육류 등의 질긴 조직 대신 살코기를 주로 섭취하고, 생선이나 달걀 등 소화하기 쉬운 단 백질 급원을 섭취한다.
- 우유에는 유화된 지방이 들어있어 도움을 되지만, 요구르트 등 유기산이 많은 유제품과 유당은 장에 자극을 줄 수 있으므로 제한한다.
- 탄산음료는 장을 자극하므로 피한다.
- 저식이섬유 채소, 소화가 쉬운 탄수화물 위주의 식사, 신맛이 적은 과일 등을 섭취한다.

5) 빈혈

빈혈이란 산소를 운반하는 체계에 이상이 생겨 인체 내의 세포가 산소를 공급받지 못하는 상 태에 이른 것이다. 빈혈의 원인은 영양소 결핍, 출혈성 질환, 흡수 불량 등 다양하다. 이것은 특히 초경 이후의 청소년기부터 20~30대의 젊은 여성에게서 많이 발생한다.

여성에게서 빈혈의 발생률이 높은 이유는, 가임기 이후 월경으로 인한 혈액 손실로 필요한 철의 양이 남성보다 많아지기 때문이다. 특히 20대 후반의 여성은 임신과 출산을 앞두고 있어 철 필요량이 일반 여성들보다 더 높지만, 외모에 대한 왜곡된 생각으로 지나친 다이어트를 하 거나 바쁜 일상에서 식품 섭취가 부족해지거나 결식 등을 빈번하게 하는 경우가 많다. 이처럼 식품 섭취가 절대적으로 부족해지면 미량영양소 결핍이 더욱 문제시된다. 청년기의 영양불량성 빈혈의 종류는 다음과 같다(그림 4-5).

- **철 결핍성 빈혈** 철의 영양상태가 부족해서 생기는 빈혈로, 적혈구의 크기가 작아진다.
- **거대적아구성 빈혈** 적혈구 성숙에 필수적인 영양소인 엽산이나 비타민 B_{12}가 부족하여 크기가 크고 미성숙한 상태의 적혈구가 혈관에서 보이는 빈혈이다.

철 섭취량이 부족하거나, 장에 염증 등이 있거나 출혈증세가 계속되면 체내의 철 저장량이 고갈되면서 여러 단계를 거쳐 빈혈이 생기게 된다. 몇 달간 철이 부족한 상태가 지속되다가 체내 철이 고갈되면 생리적 기능도 이에 영향을 받기 시작한다. 세포에 산소 공급이 부족해지면 에너지 대사가 원활하게 일어나지 못하여 피로나 무기력증이 생기고 창백, 빈맥, 운동 시 호흡곤란 등이 나타나다.

만약 여성이 체내에 저장된 철의 양이 부족한 상태에서 임신을 하면, 태아에게 필요한 철이

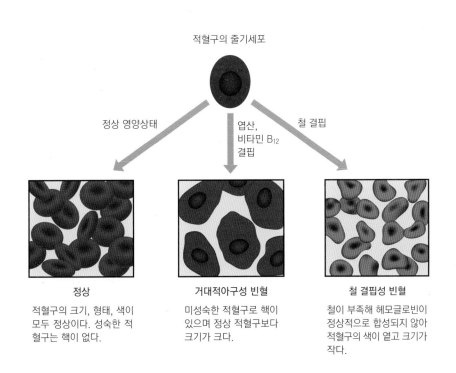

적혈구의 줄기세포

정상 영양상태　　　엽산,
비타민 B_{12}
결핍　　　철 결핍

정상	거대적아구성 빈혈	철 결핍성 빈혈
적혈구의 크기, 형태, 색이 모두 정상이다. 성숙한 적혈구는 핵이 없다.	미성숙한 적혈구로 핵이 있으며 정상 적혈구보다 크기가 크다.	철이 부족해 헤모글로빈이 정상적으로 합성되지 않아 적혈구의 색이 옅고 크기가 작다.

그림 4-5 **적혈구 형성과정에 따른 빈혈의 종류**

모두 빠져나가 모체에 심각한 빈혈을 초래하게 된다. 또한 모체의 철이 고갈되어 태아가 철이 부족한 상황에서 태어나면 태아의 면역력이 약화되므로 가임기의 젊은 여성은 평상시 철 섭취량을 늘리는 것이 중요하다.

식사를 통해 섭취된 철의 흡수율은 다른 식이요인에 크게 영향받을 수 있다(표 4-9). 따라서 철의 흡수를 돕는 요인을 강화하고 방해하는 요인을 피하는 다음과 같은 식사원칙을 지킬 필요가 있다.

- 어육류와 비타민 C는 철의 흡수율을 높이는 인자이다. 특히 어육류는 철의 함량도 높고 식물성 철의 흡수를 돕기도 하므로 우수한 철의 급원식품이라고 할 수 있다. 매끼 30 g 이상의 어육류와 1일 권장섭취량(100 mg)에 해당되는 비타민 C를 섭취할 수 있다면, 철의 흡수율이 우수한 식단이라고 볼 수 있다.
- 거대적아구성 빈혈을 막기 위해서 엽산과 비타민 B_{12}의 섭취가 부족하지 않아야 한다. 따라서 엽산 섭취를 위해 채소와 견과류를 매일 섭취하고, 채식주의자에게 많이 나타나는 비타민 B_{12} 부족을 막기 위해 동물성 식품을 골고루 섭취하는 것이 좋다.

표 4-9 철 흡수에 영향을 주는 식이요인

종류	요인
철 급원식품	육류, 가금류, 간, 조개류, 새우류, 굴, 검은콩, 어류, 푸른잎 채소, 해조류, 키위
철 흡수를 돕는 식품	비타민 C가 풍부한 과일(감, 딸기, 귤, 오렌지)과 채소류 및 이것들로 만든 음료
철 흡수를 억제하는 식품	차, 커피, 통곡류, 달걀 노른자

표 4-10 빈혈 예방에 좋은 식품

철이 풍부한 식품	엽산이 풍부한 식품	비타민 B_{12}가 풍부한 식품
쇠고기, 간, 닭고기, 맛조개, 굴, 검은콩, 두부, 쑥, 미나리, 파래, 시리얼	밀배아, 통밀식빵, 닭 간, 견과류, 달걀, 시금치, 브로콜리, 딸기, 녹두, 대두	쇠간, 조개, 굴, 닭 간, 꽁치, 멸치, 달걀, 우유 및 유제품, 김, 미역

6) 골다공증

골다공증은 20대에 흔히 나타나는 질환은 아니지만, 20대에 영양관리를 어떻게 했느냐가 노년기의 골다공증 발병을 좌우할 수 있다. 뼈는 우리 몸을 지탱하고 움직일 수 있게 해주는 기관으로, 하중을 견디는 운동을 할수록 뼈의 밀도가 증가한다. 그러나 뼈가 성장하여 키를 키우거나 뼈에 무기질이 들어가 채워지는 이러한 과정이 전 생애주기에 걸쳐 일어나는 것은 아니다. 대개 성장기부터 20대 후반까지 뼈는 최대한의 무기질을 축적하여 속을 채우므로 이때가 최대 골질량을 갖게 되는 시기이다. 최대 골질량이 높을수록 노년기에 골절의 위험에 이르는 역치 값에 느리게 도달하는 것으로 알려져 있어, 청년기는 성인기와 노년기의 뼈 건강을 책임지는 시기라고도 할 수 있다.

폐경기 이후 여성에게 흔히 발생하는 골다공증은, 여성호르몬의 분비가 줄면서 뼈 속 칼슘이 혈액으로 급격하게 배출되어 발생하는 질환이다. 골다공증이 심해지면 살짝 넘어져도 뼈에 금이 가고 부러지며, 심한 통증은 물론 오랜 기간 치료가 필요한 상황에 처할 수 있다. 노인의 경우에는 뼈의 형태가 변하거나 신장이 작아지고 척추가 휘는 원인이 된다. 골절은 일어나는 부위에 따라 일상적인 활동이 크게 제한될 수 있으며, 움직이지 못하게 되어 누워 있다가는 우울증, 근육 손실, 운동기능 상실 등으로 인해 심각한 상황에 이를 수도 있다.

골다공증의 영양치료 및 관리법은 다음과 같다.

- 충분한 칼슘 섭취를 위해 흡수율이 좋은 우유와 유제품, 뼈째 먹는 생선을 매일 섭취한다. 우유에는 칼슘 흡수를 방해하는 인의 비율이 적고, 칼슘 흡수를 돕는 유당과 비타민 D가 들어있다.
- 비타민 D는 섭취량이 부족하지 않아야 한다. 이것은 인체에서 생합성되는 영양소로, 자외선에 의해 피부 밑에서 생성되므로 적절한 바깥 운동을 필요로 한다. 우리나라 사람들의 주요 비타민 D 급원식품은 등 푸른 생선이다.
- 뼈를 만들 때는 단백질과 비타민 C가 필요하다. 이것의 적절한 섭취도 골다공증 예방에 중요한 역할을 한다.
- 노년기의 골다공증을 예방하려면 20~30대에 하루 2회 정도 우유와 유제품을 섭취한다.
- 청소년들이 즐겨 마시는 탄산음료에는 칼슘의 흡수를 방해하는 인의 비율이 높으므로, 탄산음료보다는 유제품을 섭취하도록 한다.

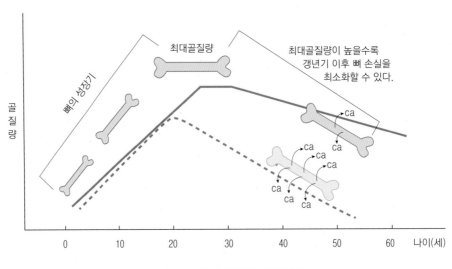

그림 4-6 **뼈의 성장에 따른 골질량 변화**

뼈 건강을 해치는 탄산음료

우유 1컵(1팩)은 양질의 단백질과 칼슘, 리보플라빈, 비타민 A 등 대학생에게 부족한 영양소가 풍부하여 좋은 영양공급원이 될 수 있다. 그러나 탄산음료 1컵(1캔)에는 당분으로 이루어진 에너지와 탄산음료 제조과정에서 첨가되는 인산 함량이 높아 뼈에서 칼슘이 빠져나가게 하는 원인이 된다.

이처럼 탄산음료는 비만 발생과 골 대사의 불균형을 초래하는 등 젊은이의 건강을 해칠 위험성이 있으므로, 섭취를 제한하고 그 대신 양질의 영양원인 유제품 섭취를 늘려야 한다.

저지방우유 1팩과 탄산음료 1캔의 영양성분 비교

구분	저지방우유 1팩	탄산음료(콜라) 1캔
용량(mL)	200	240
에너지(kcal)	102	100
단백질(g)	6.4	0
칼슘(mg)	210	0
인(mg)	178	30
리보플라빈(mg)	0.28	0
비타민 A(ug)	56	0
카페인(mg)	0	26

- 골다공증 예방에는 하중을 견디는 운동이 반드시 필요하다. 뼈의 노화가 시작되는 중년 이후에는 칼슘 섭취보다 하중을 받는 운동이 골다공증 예방에 더욱 효과적이다.

7) 섭식장애

(1) 폭식증

폭식증이란 음식을 탐하여 한꺼번에 많은 양을 빠르게 먹고, 그에 대한 죄책감 등으로 인해 고의로 위장을 반복해서 비우는 증상이다. 음식을 먹은 것에 대한 후회로 인해 인위적으로 구토하거나 하제를 복용하여 설사하기도 한다.

이 증세를 보이는 사람은 체중에 대한 왜곡된 생각을 하여 감량을 위해 여러 가지 방법을 동원한다. 과다한 운동, 절식, 구토, 설사 등을 반복하면서도 과식을 계속하므로, 전반적으로 날씬한 몸매를 유지하지 못하는 경우가 많다. 인위적으로 구토를 계속하기 때문에 식도와 위조직이 파열되고, 위산으로 인해 구토물이 입·식도·후두의 점막을 부식시키며, 치아의 에나멜 표면을 파괴하게 된다. 이에 따라 치아가 검게 변하고 구강과 식도 궤양이 초래될 수 있다. 이 같은 폭식과 구토 행동이 적어도 주 2회 이상, 3개월 이상 지속된다면 일종의 정신질환인 신경성 폭식증이 나타나는 것이므로 반드시 전문가의 영양상담과 심리치료를 병행해야 한다.

(2) 거식증

체중을 끝없이 감량하려는 욕구를 가지고 자신이 계속 뚱뚱하다고 생각하면서 비정상적으로 수척해질 때까지 굶는 심리적·정신적 장애이다. 에너지 공급이 원활하지 못하게 되어 대개 몸무게가 줄고, 극심한 체지방과 체단백 감소로 인해 근육과 지방조직이 거의 다 손실되고 생체대사도 교란을 겪어 체온과 맥박 수 감소, 빈혈, 백혈구 수 감소, 모발 손실, 변비, 월경 중단 같은 다양한 신체적인 증상을 보이게 된다. 이는 정신적인 질환으로, 대부분의 거식증 환자는 정서적으로 불안정하고 공격적이며 비판적이고 우울증을 나타내기도 한다.

거식증 치료를 위해서는 정신과 치료로 그 원인을 발견하고, 이를 극복할 수 있는 방법을 찾아 정상적인 식습관을 회복하면서 식사량을 조금씩 늘려가며 기초대사를 정상적으로 유지할 수 있도록 해야 한다. 이에 적응되면 섭취량을 점차 늘려가며 체중을 회복시킨다. 이때 친구와 가족 모두 치료에 참가하여 환자를 돕는 것이 중요하다.

1. 청년기(20대)에 부족한 영양소는 무엇인지 알아보고 그러한 영양소를 섭취하기 위한 전략을 세워보자.

2. 소화성 궤양 환자가 간식으로 먹어도 좋은 음식을 알아보자.

3. 거식증이나 폭식증이 의심되는 행동을 하는 친구를 도울 수 있는 방안을 생각해보자.

4. 나의 스트레스 원인은 무엇이며 어떠한 방법으로 해결할 수 있을지 생각해보자.

5. 빈혈 예방에 좋은 식품에는 어떠한 것들이 있는지 알아보자.

05

건강체중관리

각 나라의 건강과 미의 기준은 시대와 문화 및 역사에 따라 달라진다. 현대에는 건강의 중요성이 강조되면서도 체형에 대한 왜곡된 인지 역시 강해졌다. 경제 발전과 함께 인터넷의 발달로 과학적 근거 없는 무분별한 체중 조절에 대한 정보도 쏟아지고 있다.

우리나라 성인의 비만 유병률(만 30세 이상)은 2018년 남성 44.7%, 여성 28.3%이며, 2008년 이후 남성의 비만유병률은 크게 증가한 반면(36.6% → 44.7%), 여성은 큰 변화 없이 28.0% 내외를 유지하고 있다(표 5-1, 그림 5-1).

반면 외모에 신경을 많이 쓰는 20대 여성들의 경우 2018년 기준 저체중 비율이 전체의 약 12.1%를 차지하고 있다. 이는 젊은 여성의 저체중현상은 마를수록 아름답다는 현대사회의 왜곡된 외모 인식의 부산물로, 무리한 체중 감량을 불러와 거식증에 걸리거나 심지어 사망에 이르게 하는 등 심각한 부작용이 드러나기도 한다.

여기서는 건강체중을 달성하는 방법뿐만 아니라, 이를 유지하기 위한 식생활관리방법을 알아보고, 널리 알려진 체중 조절법에 관해 알아볼 것이다.

표 5-1 우리나라 성인의 비만유병률

(단위: %)

구분		비만유병률(표준오차)										
		'09	'10	'11	'12	'13	'14	'15	'16	'17	'18	'19
전체	19세 이상	31.9 (0.7)	31.4 (0.7)	31.9 (0.8)	32.8 (0.9)	32.5 (0.7)	31.5 (0.8)	34.1 (0.8)	35.5 (0.9)	34.8 (0.8)	35.0 (0.8)	34.4 (0.7)
	30세 이상	34.3 (0.7)	34.0 (0.8)	34.2 (0.9)	35.3 (0.9)	34.8 (0.7)	33.2 (0.8)	36.5 (0.9)	37.2 (0.9)	35.9 (0.8)	36.8 (0.8)	35.8 (0.8)
	19세 이상(표준화)[2]	31.3 (0.7)	30.9 (0.7)	31.4 (0.9)	32.4 (0.9)	31.8 (0.7)	30.9 (0.9)	33.2 (0.8)	34.8 (0.9)	34.1 (0.9)	34.6 (0.8)	33.8 (0.8)
	30세 이상(표준화)	34.0 (0.7)	33.9 (0.8)	34.2 (0.9)	35.4 (1.0)	34.6 (0.8)	32.9 (0.9)	36.0 (0.9)	37.0 (0.9)	35.5 (0.9)	36.9 (0.9)	35.6 (0.8)
연령 (세)	19-29	22.1 (1.4)	20.5 (1.5)	21.7 (2.0)	22.4 (1.9)	22.4 (1.8)	23.9 (2.0)	23.5 (1.8)	27.2 (2.2)	29.4 (1.9)	26.9 (2.0)	27.6 (1.9)
	30-39	29.5 (1.1)	31.0 (1.8)	31.5 (1.8)	32.5 (2.0)	33.2 (1.8)	31.8 (1.6)	32.9 (2.0)	34.2 (1.6)	33.4 (1.9)	37.8 (2.0)	34.9 (1.8)
	40-49	34.7 (1.5)	34.1 (1.5)	35.4 (1.8)	39.2 (1.5)	33.7 (1.6)	31.1 (1.6)	35.6 (1.8)	39.0 (1.7)	35.3 (1.9)	36.8 (1.7)	35.6 (1.5)
	50-59	40.0 (1.5)	35.3 (1.6)	35.7 (1.7)	34.1 (1.8)	37.3 (1.7)	35.4 (1.5)	38.3 (1.6)	36.1 (1.8)	38.0 (1.6)	35.2 (1.6)	36.5 (1.5)
	60-69	37.0 (1.6)	40.7 (2.1)	38.8 (1.9)	38.5 (2.0)	36.3 (1.9)	36.8 (1.7)	40.1 (1.9)	40.2 (1.9)	38.0 (1.6)	36.8 (1.7)	37.3 (1.7)
	70+	31.1 (1.8)	30.6 (1.9)	29.7 (1.7)	31.1 (2.0)	33.8 (2.0)	32.1 (1.7)	37.4 (1.9)	37.5 (1.7)	34.7 (1.6)	38.0 (1.8)	34.3 (1.8)

1) 비만유병률 : 체질량지수 25kg/m² 이상인 분율, 만 19세 이상.
2) 2005년 추계인구로 연령표준화.

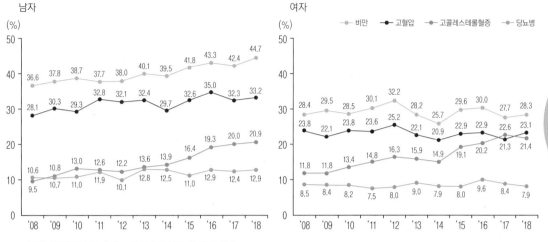

※비만: 체질량지수(kg/m²)가 25 이상인 분율, 만 30세 이상.

※고혈압: 수축기혈압이 140mmHg 이상이거나 이완기혈압이 90mmHg 이상 또는 고혈압 약물을 복용하는 분율, 만 30세 이상.

※당뇨병: 공복혈당이 126mg/dL 이상이거나 의사진단을 받았거나 혈당강하제복용 또는 인슐린주사를 사용하는 분율, 만 30세 이상.

※고콜레스테롤혈증: 혈중 총콜레스테롤이 240mg/dL 이상이거나 콜레스테롤강하제를 복용하는 분율, 만 30세 이상.

※2005년 추계인구로 연령표준화.

그림 5-1 체질량지수를 기준으로 한 비만 및 만성질환 유병률 추이

자료: 보건복지부, 질병관리본부. 2019 국민건강통계.

1. 건강체중이란?

건강체중이란 극도로 마르거나 극도로 살이 찐 상태가 아니며, 최신 유행이나 일시적으로 사회에서 수용되는 기대치에 따른 체위가 아니다. 이는 본인이 수용할 수 있고 크게 식이 조절을 하지 않고도 유지할 수 있으며 개인의 사망률을 가장 낮게 만드는 체중을 의미한다. 이외에도 건강체중의 다양한 정의를 정리하면 다음과 같다.

- 연령에 따른 신체 발달을 정상적으로 하기에 적합한 체중
- 개인의 유전적 배경을 바탕으로 한 체형과 체중
- 특별히 심한 식이 조절 없이도 유지할 수 있는 체중
- 정상 혈압과 정상 혈중 지질수준, 정상적인 혈당을 유지할 수 있는 체중
- 건강한 식사 습관을 가지고 규칙적인 운동을 하도록 도와주는 체중

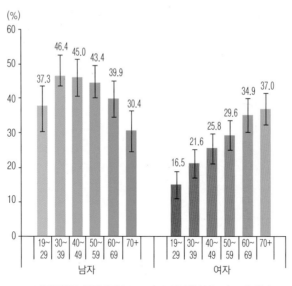

※ 비만유병률: 체질량지수 25 kg/m² 이상인 분율, 만 19세 이상

그림 5-2 연령별 비만유병률

자료: 보건복지부, 질병관리본부. 2019 국민건강통계.

　　건강한 체중관리를 하려면 가장 먼저 자신의 표준체중(ideal body weight)을 정확히 알아야 한다. 표준체중은 개인의 신장과 체격(body frame)에 따라 달라질 수 있으므로, 각 개인의 표준체중을 정확히 계산하기는 어려운 일이다. 하지만 일반적으로 사용되는 개인의 신장 차를 고려한 계산법은 아래와 같다.

신장 < 150 cm의 경우	표준체중(kg) = 신장(cm) − 100
신장 150~160 cm의 경우	표준체중(kg) = {신장(cm) − 150} × 0.5 + 50
신장 > 160 cm의 경우	표준체중(kg) = {신장(cm) − 100} × 0.9

2. 저체중과 과체중, 비만이란?

1) 저체중과 과체중

저체중(underweight)이란 건강을 유지하기에는 너무 적은 양의 체지방을 가지고 있으며, 체질량지수(Body Mass Index, BMI)가 18.5 kg/m² 미만일 때를 의미한다. 반면, 표준체중의 10% 이상을 초과하거나 신체질량지수가 23 kg/m² 이상이고 25 kg/m² 이하일 때를 과체중(overweight)이라고 한다.

체중 초과의 원인은 실제로 체지방에 의한 것일 수도 있지만, 근육량이나 일시적인 부종 때문일 수도 있으므로 이에 대한 정확한 식별이 필요하다. 과체중과 저체중의 판정은 표준체중을 이용한 비만지수(obesity index)를 구하는 방법과, 체질량지수(BMI)를 이용하는 방법을 일반적으로 사용한다. 표준체중을 이용하여 비만지수를 구하는 방법은 다음과 같다.

비만지수(obesity index) = {현재체중(kg) − 표준체중(kg)} ÷ 표준체중(kg) × 100

체질량지수는 비만지수보다는 체지방 축적을 더 정확히 반영하는 것으로 알려져 있다. 한 가지 주의할 점은, 체질량지수가 건강한 성인의 질병 예방에 도움은 될 수 있으나 성장기 어린이나 청소년, 키에 비해 근육이 많은 운동선수, 65세 이상의 노인들에게 적용하는 데에는 제한이 있다는 것이다. 체질량지수는 현재의 신장과 체중을 이용하여 아래와 같이 산출한다.

체질량지수(BMI) = 체중(kg) ÷ 신장²(m²) [한국인 기준]

- 저체중: 18.5 이하
- 정상: 18.5~22.9
- 과체중: 23~24.9
- 경도 비만: 25~29.9
- 중등도 비만: 30.0~34.9
- 고도 비만: 35 이상

---

2) 비만

비만(obesity)은 표준체중의 20%를 초과하거나 신체질량지수가 25 kg/m² 이상일 때를 의미한다. 우리나라의 연령과 성별에 따른 비만 유병률은 그림 5-2와 같다. 일반적으로 비만이란 체지방이 많이 축적된 체중 초과상태로, 근육과 골격이 발달된 운동선수와 같은 사람들은 표준체중에 비해 체중이 많이 나가도 비만이라고 하지 않는다. 따라서 비만을 정확히 판단하려면 기기들을 이용하여 체지방량을 측정해야 한다.

체질량지수가 25 이상의 경우 당뇨병, 고혈압, 심장질환과 같은 만성질환들이 유의적으로 증가하며 저체중인 사람들 역시 건강문제의 위험성이 높다.

체중 변화는 우리가 먹는 식품으로 인한 에너지 섭취량과 개인의 생명을 유지하기 위한 기초대사량, 우리가 활동하면서 소모하는 활동대사량, 그리고 식품을 섭취하여 소화하면서 발생하는 식이성 발열량을 모두 고려하였을 때 나타나는 전체적인 에너지 소비량의 차이 때문에 일어난다. 그러므로 에너지 평형(energy balance)은 음식을 통해 섭취한 에너지 섭취량과 에너지 소모량이 같을 때 일어난다(그림 5-3).

체중을 줄이려면 우리가 섭취하는 에너지보다 더 많은 에너지를 소모해야 한다. 또 적절한 체중을 유지하기 위해서는 에너지 섭취와 에너지 소비의 균형을 맞추어야 한다. 그러나 비만은 에너지 균형문제뿐만 아니라 다른 요인에 의해 발생할 수도 있다는 것에 주의해야 한다.

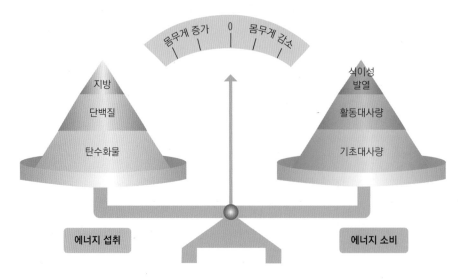

그림 5-3 에너지 섭취량과 에너지 소비량에 따른 에너지 균형

(1) 유전적 요소

비만의 25%를 유전적 요소가 좌우한다는 연구 결과가 있다. 실제로 비만인 사람의 가족 중에는 비만인 사람이 많이 있다. 비만이 유전의 영향을 받는다는 절약 유전자 이론(thrifty gene theory)이나 고정점 이론(set-point theory)들도 비만 유전자가 존재한다는 가정을 하고 있으며, 이에 대한 많은 부분이 밝혀지고 있다. 예를 들면, 동물실험을 통해 렙틴, 그렐린, 아디포넥틴과 같은 비만 관련 호르몬이나 단백질이 이미 밝혀졌으며, 현재에도 이에 대한 연구가 활발히 진행되고 있다. 또 갈색 지방세포의 존재도 밝혀졌는데, 이는 백색 지방세포보다 미토콘드리아를 더 많이 가지고 있고 지방을 축적하는 대신 열을 발생시켜 에너지 소비를 증가시키는 지방조직으로 현재 비만 연구에 큰 영향을 미치고 있다.

(2) 심리적 · 사회적 요소

과식

식욕은 먹고자 하는 인간의 심리적 욕구로 배고픔 없이도 생겨나며, 사회적으로 학습된 선호 식품이나 식행위에 의해 과식을 하기도 한다. 사회적 변화나 심리적 우울함 또는 행복감을 느낄 때 사람들은 식사 섭취량이 증가하거나 감소한다.

에너지 섭취량이 에너지 소모량보다 많을 때, 다시 말해 과식하는 상황에서 남은 에너지는 에너지의 저장 형태인 지방이 되어 체지방조직에 축적된다. 이때 성인의 경우 지방세포의 수가 아니라 지방세포의 크기가 증가하기 때문에 체중 감량 시 지방세포 숫자가 적어지는 것이 아니라 지방 세포의 크기가 작아지게 된다. 그러므로 건강하고 지속적인 체중 감량이 아닌, 단기간의 심한 체중 감량 후에는 지방세포 크기의 감소로 인해 지방세포에서 분비하는 식욕 억제 호르몬인 렙틴의 양이 줄어들어 원래 체중으로 돌아가는 요요현상이 일어나기 쉽다.

야식

인체의 자율신경계는 낮에는 교감신경의 기능이, 밤에는 부교감신경의 기능이 활발해진다. 부교감신경의 작용은 에너지를 저장하는 방향으로 조절된다. 따라서 부교감신경의 기능이 활발한 밤에 야식을 즐기면 과잉 에너지가 낮보다 더 축적되기 쉬운 상태가 되므로 비만이 되기 쉽다.

불규칙적인 식사

식사횟수도 비만의 원인이 된다. 절약 유전자 이론에 따르면, 평소에는 잘 먹지 않다가 몰아서 많이 한꺼번에 먹는 방식은 조금씩 먹는 방식을 취했을 때보다 체내가 식사를 에너지 저장 형태로 만들고자 하는 경향이 강해져 비만이 되기 쉽다.

문화적·경제적 요인

문화적·경제적 요인 모두 비만과 연관이 있다. 종교나 학습된 음식에 대한 선호도와 같은 문화적 요인은 우리의 식품 선택과 식사패턴에 영향을 미친다. 맞벌이 부모가 많은 현대사회에는 싸고 구매하기 쉬우며 고칼로리에 영양밀도가 높은 가공식품이나 패스트푸드가 발전하면서 비만율이 높아지고 있다. 한편, 비활동성을 촉진하는 문화적 요인도 비만 유발에 영향을 미친다. 특히 어린 시절의 비활동성 탓에 발생하는 소아 비만은 성인 비만으로 이어지는 심각한 사태를 유도한다. 음식을 남기지 않고 먹거나 식사 중에 음식을 권유하는 사회적 요인 또한 비만의 한 요인으로 작용한다. 다시 말해, 식이와 생활을 함께하는 사회적 유대관계에 있는 주위 사람들이 개인의 식품 선택이나 라이프스타일에 영향을 미치기 때문에, 결과적으로 그들이 개인의 비만 유발에 영향을 미치게 된다.

(3) 내분비계 이상

시상하부의 종양이나 감염, 혹은 뇌하수체 기능 이상이나 부신피질 자극호르몬의 이상, 갑상샘호르몬의 분비 감소로 인해 2차성 비만이 생기는 경우도 있다.

3. 건강한 체중 감소란?

체중 감소란 일정 기간 동안의 에너지 섭취량이 에너지 소비량보다 적을 때 일어나는 현상이다. 체중 감량의 기본 원칙은 에너지 섭취량을 감소시키고 에너지 소비량을 증가시키는 것이다. 그러기 위해서는 식품 섭취를 감소시키고, 에너지 소비량이라고 불리는 기초대사량과 활동대사량을 늘려 에너지 소비량을 늘려야 한다.

건강한 체중 감량을 위해서는 앞서 배운 1일 에너지추정량을 바탕으로 식이요법과 운동요법, 행동수정요법을 동반해야 한다. 다시 말해 에너지 섭취의 점진적이고 지속적인 감소와 규칙적이고 개인의 신체에 맞는 운동, 또 이를 계속 유지하기 위한 행동수정이 중요한 전략이다.

1) 에너지 섭취량 감소

(1) 감소시켜야 하는 에너지

체중을 감소시키려면 식사 조절이 필수적이다. 에너지 섭취를 제한하여 체지방을 줄이려면, 우선 본인이 에너지를 얼마나 줄여야 하는지 알아야 한다. 일반적으로 평소 섭취하는 에너지에서 하루 500~1,000 kcal 정도가 적은 저에너지식을 먹으면 건강에 무리를 주지 않고 체중 감량을 할 수 있을 뿐만 아니라 쉽게 실천할 수 있다는 연구 결과가 계속해서 나오고 있다. 그러나 에너지만 제한하면 체중 감량 시 체지방뿐만 아니라 근육도 감소하기 때문에, 감량의 목표를 체지방 감소와 근육 손실의 최소화로 설정해야 한다.

또한 단기간에 과다한 체중 감량 시에는 두통, 어지럼증, 근육통, 변비, 구토와 같은 증상이 동반되므로 조심해야 한다. 안전하고 효과적인 체중 감량의 첫 번째 전략은 체중 감량에 대한 현실적인 목표 설정이다. 체중 감량의 성공 비결은 매주 또는 매일 합리적이고 구체적인 목표를 세우고 측정 가능한 목표를 기록하는 것이다.

일반적으로 영양사나 의사의 처방 없이 일주일에 체중을 1 kg 이상 무리하게 감량하면 우리 신체에 부정적인 영향을 미쳐 영양 불균형의 위험을 초래할 수 있다. 따라서 성인의 경우 일주일에 약 0.5 kg 정도 혹은 자기 체중의 1%를 감량하는 것이 가장 안전하고 지속적으로 실행하기에 무리가 따르지 않는 방법이다. 이를 위해서는 하루 약 500 kcal의 에너지 섭취량을 줄이거나 에너지 소모량을 늘려야 한다. 체중 감량을 위해 식사를 조절할 때는 앞의 3장에서 배운 개인의 1일 에너지필요추정량을 계산하여 개인의 1일 에너지 필요량을 구한 후, 체중 감량에 필요한 에너지를 빼면 된다.

(2) 균형 잡힌 영양소 배분을 위해 고려해야 할 원칙

체중 감량을 위해 에너지 섭취를 감소시킬 때 고려해야 할 점은, 에너지가 감소된 식단에 균형 잡힌 영양소가 골고루 포함되어야 한다는 것이다. 체중 감량에 실패하는 가장 큰 이유는 최소한의 포만감을 느끼지 못하여 저에너지 식단을 오래 견디지 못하고 포기하기 때문이다.

저에너지 식사요법을 시행할 때 감량을 효과적으로 하려면 다음과 같은 원칙을 지켜야 한다.

- **단백질 섭취량 유지** 단백질 섭취량은 필요한 에너지 범위 내에서 20~25% 수준을 유지해야 하므로 저에너지식사요법 시 단백질 섭취를 줄이지 않는다. 동물성 단백질은 지방을 많이 함유하고 있으므로 콩과 같은 식물성 단백질이나 닭가슴살 같은 기름이 적은 육류를 선택한다.
- **단순당 섭취 제한** 단순당의 섭취는 제한한다.
- **지방 섭취 감소** 고지방식이는 비만 및 심혈관계질환의 발병률 증가와 관련이 있으므로 체중 감량 시 지방 섭취량을 제한해야 한다. 즉, 총 에너지 섭취의 10~25%가 총 지방 섭취가 되도록 하고, 포화지방산이 많은 동물성 지방이나 트랜스지방을 피하고 필수지방산이나 불포화지방을 많이 함유한 식품을 주로 섭취한다.
- **비타민, 무기질, 식이섬유 섭취** 특히 칼슘이 부족하지 않도록 주의한다. 포만감을 느끼고 변비를 예방하기 위해 에너지 밀도가 낮고 식이섬유가 많은 채소, 과일의 섭취량을 늘린다.

(3) 성공적인 체중 감량을 위한 식단 선택

- 1회 섭취량을 줄인다. 되도록 음식을 작은 접시나 그릇에 담아, 먹는 양이 적다는 인식을 줄여 포만감을 연출한다.
- 에너지 밀도가 낮은 저에너지식품을 먹는다. 해초(미역, 다시마, 한천, 우무 등), 곤약, 버섯(표고, 송이 등)의 저에너지식품(그 외에 탄수화물이 적은 채소, 비지 등)을 선택하고 매일 섭취횟수를 늘린다.
- 그릇 수를 늘려 풍요로움을 연출한다.
- 튀기기 대신 굽기나 찌기 같은 지방이 덜 들어가는 조리법을 사용하고, 저지방음식을 선택한다.
- 음식을 싱겁게 먹는다.

(4) 성공적인 체중 감량을 위한 조리법

같은 재료라도 조리법을 달리하면 칼로리를 줄일 수 있다. 다음은 각 식재료에 따른 다이어트 조리법을 정리한 것이다.

육·어류

- 닭고기는 껍질을 제거하고 다른 부위에 비해 비교적 지방이 많은 다리나 날개보다는 닭가 슴살이나 안심 부분을 이용한다.
- 쇠고기는 마블링이 많지 않은 살코기를 적절히 섭취한다.
- 돼지고기는 지방 함량이 많은 삼겹살보다는 앞다리살, 뒷다리살, 등심과 같은 지방 함량이 비교적 적은 부위를 사용하여 조리한다.
- 육류는 육안으로 보이는 지방을 제거한 후 조리한다.
- 볶을 때는 동물성 기름보다 식물성 기름을 사용한다.

밥·국·반찬

- 흰쌀밥을 먹기보다는 쌀에 잡곡을 넣어 먹는다.
- 조리 시 찌개보다는 국의 형태로 조리한다.
- 미역국에는 육류 대신 해산물이나 어류를 넣는다.
- 단맛을 낼 때는 설탕 대신 양파, 사과, 무 등을 갈아서 넣는다.
- 나물은 생으로 먹거나, 초무침으로 조리한다.
- 자반이나 젓갈 등 염장 조리방법을 사용한 음식은 피한다.
- 달걀은 프라이나 볶음 형태보다는 삶거나 국의 형태로 만든다.

가공식품

- 라면, 유부와 어묵은 끓는 물에 데쳐 기름을 뺀다.
- 가공식품보다 생식품을 이용한다.
- 참치캔과 같은 음식은 기름을 뺀 후 사용한다.
- 소시지과 같은 육류 가공식품에는 아질산나트륨이 들어있으므로, 물에 데쳐 제거한 후 조리한다.
- 탄산음료나 주스 대신 물을 마신다.

2) 에너지 소비량 증가

(1) 운동의 체중 감소효과

에너지 섭취를 제한하면 신체는 자가 보호를 위해 기초대사량을 떨어뜨린다. 이에 따라 에너지 섭취량이 감소하면 에너지 소비량도 함께 떨어진다. 또 근육을 분해하여 에너지원으로 사용하므로 근육량도 감소한다. 이때 규칙적인 운동으로 신체의 근육량과 기초대사량을 유지 및 증가시키면 체중 감량을 효과적으로 할 수 있다. 이외에도 규칙적인 운동은 기분을 좋게 해주고 수면을 유도하며 자존감을 높여주는 효과가 있다.

(2) 운동의 종류와 강도

체중 감량 시 운동강도는 개인의 최대 맥박 수의 60~80%가 되도록 하는 것이 좋고, 횟수는 매일 30~60분씩 주 3~5회 정도 하는 것이 좋다. 처음부터 무리하기보다는 운동의 강도와 시간을 점차 늘리는 것이 좋다. 처음에는 15~20분부터 시작하여 2주 단위로 5분씩 연장하여 8~12주에는 최대 40~50분까지 증가시키는 것도 좋은 전략이다.

유산소 운동과 무산소 운동 모두 체중 감량에 효과적이지만 지방을 직접 소모시키는 데는 하이킹, 에어로빅, 수영, 자전거와 같은 유산소 운동이 효과적이다. 무산소 운동은 짧은 시간 내에 근력을 필요로 하며 탄수화물을 에너지로 사용하기 때문에 금방 지칠 수 있지만 기초대사량을 증가시키는 데 필요한 근육량을 증가시키기 때문에 장기적으로 볼 때 체중 감량에 효과적이다.

최대 맥박 수 = 220 − 나이
적정 맥박 수 = 최대 맥박 수 × 0.6~0.75
계산 예) 54세인 사람의 최대 심박 수는 166이고, 운동 시 적정 맥박 수는 99.6(100)~124.5(125)이다.

비만치료를 위한 운동치료지침

- 체중 조절 및 유지를 위해 규칙적인 운동을 실시한다.
- 운동능력 파악과 운동 실시 여부를 결정하기 위해 운동 전 건강검사가 권장된다.
- 운동 처방은 운동 유형, 강도, 시간, 빈도를 고려해서 한다.
- 운동 처방은 점진적 과부하, 특이성, 가역성, 개별성, 유효성, 안정성의 원리를 고려하여 한다.
- 운동 유형은 유산소 운동, 근력 운동 모두가 권장되며 생활의 일부로 즐길 수 있는 운동을 선정한다.
- 체중 감량을 목적으로 할 때는 유산소 운동이 권장된다.
- 근육량 및 기초대사량 증가를 목적으로 할 때는 근력 운동이 권장된다.
- 유산소 운동은 중강도로 하루 30~60분 또는 20~30분씩 2회에 나누어 실시해도 좋으며 주당 5회 이상 실시한다.
- 적절한 에너지 소비와 상해 예방을 위해 운동강도보다는 운동시간을 증가시키는 데 중점을 둔다.
- 근력 운동은 8~12회 반복할 수 있는 중량으로 8~10개 종목을 1~2세트 실시한다. 운동 빈도는 주당 2회로 한다.

자료: 대한비만학회(2012).

---

3) 행동수정요법

성공적인 체중 감량의 목표는 건강체중을 장기간 유지하는 것이다. 이를 위해서는 자신의 식사행동을 잘 관찰하고, 주변으로부터의 음식에 대한 유혹이나 자극을 차단해야 한다. 이를 위한 구체적인 식욕 통제방법은 다음과 같다.

- 식사를 거르지 않는다.
- 폭식과 야식을 피한다.
- 식품은 안 보이는 곳에 보관한다.
- 음식은 먹을 만큼만 작은 접시에 덜어 먹는다.
- 단 음료나 설탕이 첨가된 음료수 섭취량을 줄인다.
- 외출 전에 무엇을 먹을지 결정하고, 나가기 전에 음식을 조금 먹고 간다.
- 규칙적인 시간에 정해진 장소에 가서 다른 일을 하지 않고 천천히 소식한다.
- 식품 섭취 일지를 기록한다. 이 일지에 먹는 시간과 장소, 먹은 음식의 형태와 양을 기록하여 자신의 식사행동을 관찰하고 문제점을 찾는다.

- 식품 구매는 배부른 상태에서 하며, 쇼핑 목록을 작성하여 충동구매를 지양하고 냉동식품 또는 인스턴트식품을 구매하지 않는다.
- 엘리베이터를 이용하지 않고 계단 오르기 등 일상생활에서 실천할 수 있는 운동을 한다.
- 이러한 방법을 본인의 계획대로 지키지 못했더라도 자신에게 혹독하게 굴지 않고 다시 한 번 시작한다.

목표에 부합하는 계획을 잘 수행했을 때는 동기 부여의 의미로 자신에게 보상을 하는 것도 좋은 방법이다. 점차 자신에게 보상을 많이 하도록 훈련하는 것도 체중 감량에 도움을 줄 수 있다.

현재 유행하는 다이어트 방법

다이어트는 음식의 종류와 양을 제한하고 규칙적인 운동을 통해 건강한 신체와 외적 아름다움을 동시에 추구하고자 하는 현대인들 사이에서 꾸준히 실천되고 있는 행동요법이다. 하지만 많은 사람이 건강한 식이요법과 운동을 통한 체중 조절보다는 단식, 지방 제거 수술, 식욕억제 약물, 극단적인 다이어트 등 위험한 방법을 이용하고 있다. 오늘날에는 시대의 흐름에 따라 수많은 다이어트 방법들이 유행처럼 생겨나고 사라지고 있다. 여기서는 현재 널리 알려진 다이어트의 종류와 문제점에 대해 알아보도록 한다.

황제 다이어트
탄수화물을 섭취하면 체지방 저장기능을 가진 인슐린이 분비되어 잉여 에너지가 있을 때 지방의 형태로 저장하게 된다. 황제 다이어트(Atkins diet)의 주장은, 탄수화물은 중독성이 있고 과식을 부르며 인슐린의 급격한 증가로 지방의 과도한 저장을 일으켜 비만을 유도하게 되는데, 탄수화물 섭취만을 제한하는 다이어트를 함으로써 인슐린 분비를 저하시켜 저장되어 있던 지방이 분해되고 결과적으로 체중이 감소된다는 것이다. 따라서 주로 탄수화물을 제외한 단백질 위주의 음식(고기, 달걀, 햄, 버터, 치즈 등)을 섭취하게 된다. 이 다이어트는 끼니를 거르지 않고 식사 때마다 음식을 양껏 섭취하면서 체중을 줄일 수 있고, 고단백 위주의 식단으로 허기가 쉽게 지지 않아 음식 섭취에 대한 정신적 스트레스가 적다. 이를 통해 체중을 감량한 사람들은 혈중지질 감소나 혈압 저하, 혈당 및 인슐린 감소 등 긍정적 대사 변화가 일어난다고 하지만 고탄수화물 식이에 비해 크게 감소하는 것이 아닌 것으로 보인다.
하지만 이 다이어트를 장기간 지속하면 탄수화물 섭취 부족으로 건강에 문제가 생길 수 있고, 체지방 감소보다는 체수분 손실로 체중이 감소되는 비율이 커서 체내 수분부족현상이 나타날 수도 있다. 또한, 단백질 대사과정에서 생긴 노폐물이 신장에 무리를 줄 수도 있다.

고지방 저탄수화물 다이어트
이상적인 영양소 섭취비율은 탄수화물 55~65%, 지방 15~30%, 단백질 7~20%로 주로 탄수화물 위주의 식단을 먹게 된다. 하지만 고지방 저탄수화물 다이어트(Low Carbohydrate High Fat diet)에서는 탄수화

(계속)

물 5~10%, 지방 70~75%, 단백질 20~25%이 가장 효과적인 비율이라고 주장한다.

고지방 식이에 적합한 종류로는 버터, 코코넛버터, 아마씨유, 아몬드버터 등이 있고 사용을 금해야 하는 것으로는 옥수수유, 마가린, 팜유, 콩기름 등이라고 한다.

이 다이어트를 하면 황제 다이어트처럼, 탄수화물 섭취율 감소에 의한 체지방 전환 정도도 감소되어 체내 체지방 축적을 막을 수 있다고 한다. 그러나 고지방식이로 심장질환, 동맥경화 등이 나타날 수 있고 요요현상이 일어나기 쉽다. 다이어트 초기에는 심한 무기력증과 권태감이 동반될 수 있다. 또한 탄수화물 섭취에서 중요한 요소인 식이섬유와 무기질이 제한되어 변비가 유발될 수 있고 수분 부족, 무기질 부족 등이 나타날 수도 있다.

원푸드 다이어트

한 가지 식품만 지속적으로 섭취하는 다이어트로 사과, 녹차, 두부, 달걀, 감자, 토마토 등을 먹게 된다. 한 음식만 계속 섭취하기 때문에 식단을 고민할 필요가 없고, 비용과 시간을 최대한 절약할 수 있다. 상대적으로 식이섬유가 풍부한 음식을 충분히 섭취하므로 높은 포만감과 낮은 에너지 덕분에 체중 감소에 도움이 될 수 있다.

하지만 이러한 음식 섭취는 전체적인 영양 불균형을 초래하기 쉽고 탈수나 요요현상, 탈모 등의 부작용이 발생할 수 있다. 여성에게는 근육 분해와 무월경증상이 나타나기 쉽다. 이러한 다이어트를 장기간 지속하면 잘못된 식습관을 형성할 수 있으므로 주의해야 한다.

간헐적 단식

간헐적 단식은 일정 시간의 단식을 통해 공복감을 유지하는 다이어트로, 일반적으로 아침과 점심은 거르고 저녁 한 끼만 섭취하는 형태로 이루어진다. 간헐적 단식을 실시하는 동안에는 식사 외의 간식 섭취와 폭식을 금한다. 음식의 종류를 가릴 필요는 없고 소량씩 섭취하지 않는다. 다른 다이어트 방법에 비해 복잡하지 않고 간편해서 쉽게 할 수 있다. 그 밖에도 하루는 정상식을 먹고 다음날에는 한 끼만 섭취하는 등 다양한 방법이 존재한다. 하지만 끼니 중 신체에 가장 이로운(기억력, 문제 해결능력, 집중력 등) 아침식사를 거르는 것이 문제가 되고 있다. 또한 단식으로 인한 높은 공복감으로 폭식을 할 가능성이 커지며 당뇨 환자의 경우 저혈당이 발생할 위험이 있다. 또 성인의 권장 에너지 섭취량을 먹지 못하여 영양불량 및 대사이상을 초래할 수 있다.

4. 체중 감량을 위한 식단은 어떻게 구성할까?

1) 식사의 실태와 문제점

대학교에 다니는 장동현 군(23세, 키 171 cm, 몸무게 80 kg, 활동적)이 하루에 먹는 식사의 내용은 표 5-2와 같다.

표 5-2 **장동현 군의 하루 식사**

끼니	섭취한 음식	분량
아침식사	결식	–
오전 간식	우유	1잔
	팥빵	1봉지
점심식사	짬뽕	1.5그릇
	탕수육	1.5접시
저녁식사	치킨	1마리
	치킨 무	7조각
	콜라	2.5잔
야식	김치찌개	1그릇
	소주	1병

장동현 군의 에너지필요추정량
$662 - 9.53 \times 23 + 1.27[15.91 \times 80 + 539.6 \times 1.71] = 3231.1$ kcal

장동현 군의 BMI 지수
$80/(1.71)^2 = 27.36$(비만)

장동현 군은 오늘 4,069.3 kcal의 에너지를 섭취하였다. 장동현 군의 하루 식단의 영양소 섭취비율은 그림 5-4와 같다.

현재 BMI 지수를 기준으로 볼 때 장동현 군은 비만에 해당된다. 비만은 각종 만성질환의 주

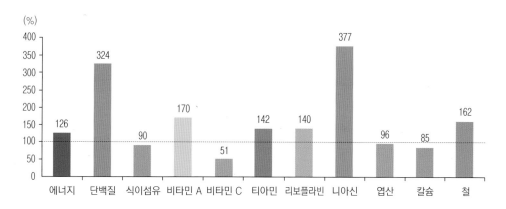

그림 5-4 장동현 군이 현재 식단에서 섭취하는 영양소의 권장량에 대한 섭취비율

요 원인으로 간주되므로 즉시 식사요법과 운동요법을 병행한 체중 감량을 시작해야 한다. 장동현 군의 경우 아침의 결식을 시작으로 점심에는 기름진 고에너지·고나트륨 음식을 섭취함으로써 체중이 증가할 수밖에 없는 식사패턴을 가지고 있다. 잦은 음주는 소화기계 및 심혈관계와 더불어 중추신경계에 유해하며, 높은 에너지는 비만을 유발하며 영양 불균형이 되기 쉬우므로 음주량을 하루 1잔으로 줄이거나 금주를 하는 것이 권장된다.

장동현 군의 현재 식사의 끼니별 에너지를 살펴보면 그림 5-5와 같다. 이를 분석해보면, 아침 결식이 점심과 저녁의 과식을 유발하여 야식과 함께 저녁식사의 비율이 전체 식사에서 에너지의 약 67%를 차지하는 심각한 불균형을 이루고 있다.

현재 식사의 에너지 영양소별 비율과 적정비는 표 5-3과 같다. 현재는 모든 영양소가 적정비율에 미치지 못하므로 이러한 식사를 계속한다면 건강의 악화가 우려된다. 탄수화물은 35.5%로 부족하며 고에너지인 지질의 비율(42.7%)이 높아 실제 섭취 에너지 또한 과도하게 높아 보인다. 탄수화물이 부족한 식사를 하면 혈액 내 인슐린 농도가 감소하고 글루카곤 농도가 증가하여 체내 대사가 변한다. 인체는 단백질을 사용하여 포도당을 생합성하고, 포도당을 대신하는 대체 에너지원으로 케톤체를 합성하여 에너지원으로 사용하는데, 이러한 상태가 장기간 지속되면 케톤체가 증가하여 케토시스를 유발할 위험이 커진다. 따라서 고지방 음식 섭취를 줄이고, 탄수화물이 많이 함유된 곡류나 감자류, 과일류, 당류 등의 식물성 식품 섭취를 증가시켜야 한다.

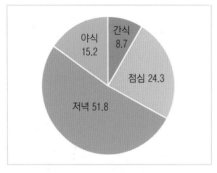

그림 5-5 장동현 군의 현재 식단에서 끼니별 에너지
기여율(%)

표 5-3 장동현 군의 하루 에너지 영양소의 에너지 구성비율과
적정비율(%)

구분	식사비율	적정비율
탄수화물	35.5	55~65
단백질	21.8	7~20
지질	42.7	15~30

(1) 비타민 C

한국인 영양소 섭취기준과 장동현 군이 하루 동안 섭취한 비타민 C를 비교·분석하면, 장동현 군은 권장량의 51%에 해당하는 비타민 C를 섭취하고 있다. 식품의 섭취량이 많음에도 비타민 C의 섭취량이 부족한 것은, 비타민 C의 급원식품인 과일과 채소의 섭취량이 부족하기 때문이다. 따라서 신선한 과일과 채소를 하루 7회 이상 먹는 것이 권장된다. 다른 비타민의 경우, 영양소 섭취기준과 비교할 때 과도하게 부족한 것은 없지만, 이는 식품의 총 섭취량이 많기 때문으로 추측된다. 이렇게 총 섭취량이 많을 경우에는 영양소 섭취기준보다 더 많은 양의 비타민이 필요할 것이므로 균형 잡힌 식생활을 하도록 노력해야 한다.

(2) 칼슘

장동현 군의 섭취량은 676 mg로 권장섭취량에 못 미친다. 따라서 권장섭취량인 800 mg 정도를 충족시키기 위해 칼슘을 추가로 섭취하는 것이 권장된다.

2) 개선된 식사의 예시

지금까지의 내용을 바탕으로 개선된 식사를 살펴보면 표 5-4와 같다.

표 5-4 장동현 군의 개선 전후 식단 비교

끼니	개선 전(4,069kcal)		개선 후(2,728kcal)	
	섭취한 음식	분량	섭취한 음식	분량
아침식사	결식		샌드위치	1개
오전 간식	우유	1잔	우유	1잔
	팥빵	1봉지	사과	1개
점심식사	짬뽕	1.5그릇	짬뽕밥	1그릇
	탕수육	1.5접시	물만두	1/2접시
			오이김치	7~8조각
오후 간식	–	–	찹쌀떡	1개
			오렌지주스	1컵
저녁식사	치킨	1마리	쌀밥	1.5그릇
			버섯국	1그릇
	치킨 무	7조각	고등어구이	1접시
			두부두루치기	1접시
	콜라	2.5잔	호박나물	1접시
			배추김치	1접시
야식	김치찌개	1그릇	–	
	소주	1병		

장동현 군은 비만으로, 건강체중이 되려면 현재 체중에서 적어도 13 kg을 감량해야 한다. 운동요법과 식이요법을 병행하여 일주일당 0.5 kg을 감량하는 것을 목표로 설정했을 때, 장동현 군은 체중 유지에 필요한 에너지보다 500~800 kcal를 적게 섭취해야 한다. 따라서 장동현 군의 필요 에너지에 해당하는 3,231 kcal보다 500 kcal 정도 적은 2,728 kcal로 식단을 개선하였다.

아침을 거르고 점심과 저녁에 폭식하며 야식으로 과도한 음주를 하는 식습관을 고치기 위하여, 아침에는 비교적 간단한 샌드위치와 간단한 간식을 섭취하도록 구성하였다. 점심으로는 지방의 섭취량을 줄이기 위하여 탕수육 대신 물만두를 섭취하게 하였고, 전체적인 섭취량 또한 줄이도록 했다. 또 다이어트로 인한 근육 감소를 방지하기 위해 두부나 고등어 같은 단백

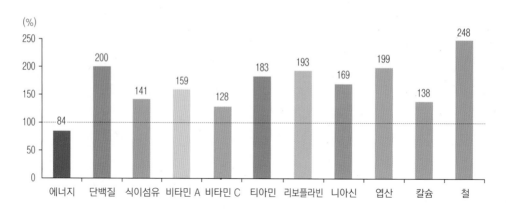

그림 5-6 장동현 군이 개선된 식단에서 섭취하는 영양소의 권장량에 대한 섭취비율

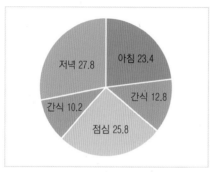

그림 5-7 장동현 군의 개선된 식단에서 끼니별 에너지
기여율(%)

표 5-5 장동현 군의 개선된 식단에서 하루 에너지 영양소의 에너지
구성비율과 적정비율(%)

식사비율		적정비율
탄수화물	60.8	55~65
단백질	17.4	7~20
지질	21.8	15~30

질을 충분히 섭취하게 하였고, 섭취량 감소로 인한 허기짐을 고려하여 오후 간식을 통해 폭식
을 막고자 하였다. 저녁식사는 다양한 반찬을 곁들인 균형 잡힌 식사를 구성하였다. 채소류와
과일류는 2회 이상 섭취하게 함으로써 충분한 식이섬유를 먹게끔 하였다.

1. 나의 표준체중과 체질량지수를 계산한 후, 현재 체중과 비교하여 체중 조절의 필요성을 알아보자.

2. 체중 조절이 필요한 경우, 3개월 체중 조절을 목표로 하여 감소 혹은 증가시켜야 하는 1일 에너지 섭취량을 계산해보자.

3. 3개월 체중 조절 시 식사와 관련하여 수정해야 하는 나의 행동들은 어떤 것들인지 생각해보자.

06

카페인, 술, 담배

1. 카페인은 우리 몸에 어떠한 영향을 미칠까?

1) 카페인의 발견

카페인은 1820년대쯤 커피콩과 잎, 과라나 열매, 찻잎 등에서 각각 발견되었다. 카페인을 포함한 것으로 알려진 식품은 60여 종이나 되며, 유사한 기능을 나타내는 식품성분으로는 주로 차나 초콜릿의 원료인 카카오빈에서 발견되는 테오필린(theophylline)과 테오브로민(theobromine) 등이 있다(그림 6-1). 최근 시판되고 있는 고카페인 음료 속에는 1캔당 200 mg이 넘는 카페인을 함유한 것도 있다. 한국에서 가장 많이 소비되는 카페인음료는 커피와 콜라 등이다.

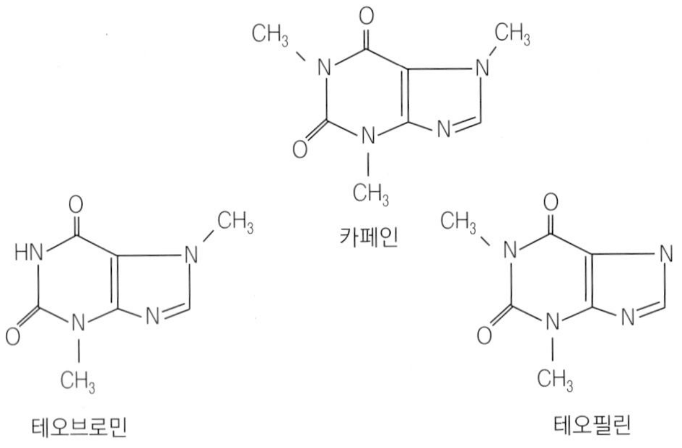

그림 6-1 **중추신경계 흥분제**

2) 카페인의 흡수와 이동

카페인은 섭취 후 매우 빠르고 완벽하게 위장관으로 흡수되며 대사율은 90%를 상회한다. 뇌혈관 장벽이나 태반 장벽도 자유롭게 통과하므로, 모체가 커피를 마시면 태아도 같은 카페인 혈중 농도를 갖게 된다. 카페인의 대사율이 떨어지는 경우는 신생아, 간 질환자, 항진균제나 심혈관계 질환에 사용하는 약물을 복용하는 사람, 임신부나 경구피임약을 복용하는 사람, 비만

표 6-1 여러 가지 음료와 약의 1회 제공량당 카페인 함량

품목		중량	카페인 함량
커피	인스턴트(자판기)	100 mL	26 mg
	드립	160 mL	64 mg
	디카페인 드립	160 mL	2 mg
	인스턴트(네스카페)	180 mL	47 mg
차	녹차	160 mL	32 mg
	홍차	240 mL	32 mg
	인스턴트 아이스티	160 mL	5 mg
탄산음료	콜라	250 mL	20 mg
	다이어트콜라	250 mL	30 mg
	마운틴듀	250 mL	40 mg
	닥터페퍼	355 mL	36 mg
코코아 음료(인스턴트)		100 mL	2 mg
초콜릿(semisweet chocolate)		32 g	21 mg
각성제		1회 분량	50~100 mg
감기약		1회 분량	30 mg

자료: U.S. Food and Drug Administration and National Soft Drink Association.

인 사람 등이다.

3) 인체와 카페인

(1) 뇌

카페인은 중추신경계의 신경자극전달물질 등의 생성·분비를 촉진시키므로 복용량이 체중
1 kg당 1~5 mg 정도가 되면 각성효과와 긴장감이 유지되면서 일에 대한 의욕이 높아지고 정
신이 맑아지며 기운이 나는 것처럼 느껴진다. 카페인이 세포 내 효소작용에 영향을 주어 저장

된 글리코겐과 중성지방을 분해하여 에너지를 내게 하고, 산소 소비량을 촉진시키기 때문이다. 그러므로 카페인을 섭취하면 힘든 일도 훨씬 쉽게 해내게 된다. 그러나 이러한 효과는 모든 개체에 동일하게 나타나지 않고, 특히 어린이들에게는 앞서 말한 것과 반대의 효과가 나타나는 경우도 있다.

카페인에 의한 불면현상은 섭취량에 비례하여 나타나므로, 커피를 많이 마시면 수면시간이 짧아질 뿐만 아니라 잠을 깊이 잘 수 없게 된다. 예민한 사람은 손이나 근육이 떨리는 현상이 일어날 수도 있다. 카페인 섭취량이 체중 1 kg당 15 mg 이상이 되면 불면증, 두통, 신경과민, 불안정, 이명증, 심계항진 등의 증세가 나타나 일상적인 생활이 힘든 경우도 있다. 카페인의 치사량은 체중 1 kg당 100~200 mg이다.

(2) 심장

카페인은 심장의 수축력과 심박수를 증가시킨다. 카페인에 예민한 사람은 커피를 조금만 마셔도 심장박동이 빨라져서 호흡에 이상이 생기고 몸에 부담을 느끼게 된다. 따라서 혈압이 높다면 커피나 홍차 등 카페인이 들어간 음료 섭취량을 하루 1~2잔 정도로 제한해야 한다. 특히 운동을 시작할 때 커피를 마시면 혈압이 급격히 상승할 수 있으므로 피해야 한다.

(3) 뼈

카페인은 신장으로 많은 혈액을 보내어 걸러지게 만들며, 세뇨관에서 수분과 나트륨이 재흡수되는 것을 방해하여 결과적으로 이뇨작용을 일으킨다. 또 섭취 후 1~3시간 내에 소변의 칼슘 배설량을 증가시키지만 그 효과가 지속되지는 않는다. 그러므로 카페인이 골다공증의 직접적인 원인이라고 할 수는 없지만, 하루 칼슘 섭취량이 권장량 이하인 경우나 폐경기 여성인 경우에는 하루 2~3컵의 커피 섭취가 골질량을 감소시킬 수도 있다.

(4) 위와 장

카페인은 펩신과 염산 분비를 증가시키고 소화기관의 근육이나 혈관을 이완시키는 작용을 한다. 따라서 위염이나 궤양증세를 가진 사람이 섭취하면 속쓰림이 생기고 위궤양이 악화될 수 있다. 또 소장 점막을 자극하여 설사를 유발할 수도 있다. 소화기관의 운동은 자율신경계의 영향을 크게 받는데, 카페인 섭취로 교감신경계가 흥분되면 각성효과가 일어나 소화기관의 운동이 저하된다.

(5) 임신과 카페인

카페인은 생체막을 자유롭게 통과하므로 모체가 커피를 마시면 카페인이 태반을 통해 태아에게로 전달되어 모체와 태아가 커피를 같이 마시는 셈이 된다. 따라서 임신 중에 커피를 과잉 섭취하면 태아의 성장이 지연되거나 저체중아를 출산할 확률이 높아지게 된다(7장 참조).

(6) 체중 감량효과

카페인이 기초대사량(BMR)을 증가시키고 체지방을 분해한다는 연구 보고가 있기는 하지만, 사람의 체중, 체지방량, 작업강도, 생리적 상태 등에 따라 그 효과는 다르게 나타난다. 즉, 주로 앉아서 일하는 사람 등 운동량이 적은 사람에게 카페인의 기초대사량 증가효과가 더욱 잘 나타난다. 반면에 어린아이나 노인, 운동량이 많은 사람에게는 그 효과가 떨어지게 된다. 그러나 오랜 임상연구를 통해 보았을 때, 체중 감량에 특효가 없는 것으로 판정되어 미국이나 기타 국가에서는 다이어트 식품으로서의 가치를 상실한 실정이다.

4) 카페인중독증

존스홉킨스대학의 한 실험실 연구 결과에 의하면, 다음 4가지 증세 중 3가지에 해당되면 카페인중독증이 있는 것으로 본다.

- 두통, 피로, 의욕 상실 등의 카페인 금단현상(지속적으로 카페인을 섭취하다가 끊었을 때 오는 현상)이 나타난다.
- 위궤양 등 건강상 문제가 있음에도 카페인을 섭취한다.
- 카페인을 끊고자 하는 노력을 하지만 번번히 실패로 돌아간다.
- 커피에 대한 내성이 커져 커피 등 카페인음료를 많이 섭취하더라도 잠을 잘 잔다.

카페인 섭취를 중단하여 불편한 금단현상이 나타나더라도 커피나 콜라를 줄여야 카페인중독증에서 벗어날 수 있다.

2. 술은 우리 몸에 어떠한 영향을 미칠까?

1) 술의 소화와 흡수

알코올 분자는 작고 수용성으로, 술은 어떠한 음식보다도 빠르게 흡수되고 주로 간에서 대사되어 몸 밖으로 배출된다. 섭취한 술의 20% 정도는 위장에서 바로 흡수되어 혈액의 알코올 농도를 높이며, 나머지 80% 정도는 위장을 지나 소장에 이른 뒤 혈관에 흡수되어 간으로 이동한다. 이렇게 체내에 들어온 알코올의 2% 정도는 소변과 호흡을 통하여 배출되지만 과음할 경우에는 소변과 호흡을 통해 배출되는 양이 10%까지 증가하고, 나머지 90%의 알코올은 간에서 대사된다. 알코올은 간에서 아세트알데히드로 산화되고 또다시 산화되어 아세테이트가 된후, 여기에 CoA 분자가 결합하여 아세틸 CoA가 된다(그림 6-2).

알코올 대사과정 중 두 번째 단계에 작용하는 아세트알데히드 탈수소효소는 인체 내에 여러 종류로 존재한다. 그중 혈중에서 상대적으로 낮은 농도의 알코올을 분해하는 아세트알데히드 탈수소효소의 활성이 낮은 사람은 술을 조금만 먹어도 얼굴이 붉어지고 중추신경계에 영향이 생겨 '술에 취하는 증상'을 보이게 된다.

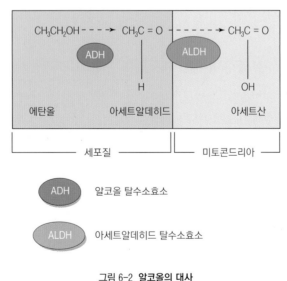

그림 6-2 **알코올의 대사**

2) 술의 영양가

에탄올은 인체 내에서 연소되어 1 g당 약 7 kcal의 에너지를 발생시키지만, 탄수화물이나 지방으로부터 방출되는 에너지와 달리 연소되어 대부분 열로 발산된다. 인체 내에서 알코올이 연소되면서 나오는 단위 g당 약 7 kcal라는 에너지는 상당한 양으로, 대개 음주자들은 알코올 섭취로 인해 알코올 이외의 다른 식품 섭취량이 감소하여 필수영양소 부족으로 영양 결핍증세를 보일 수 있다.

성인 남성(19~29세)의 하루 에너지 권장량은 2,600 kcal인데 이 중 1/3을 한 끼 식사에서 충당하려면 끼니당 약 800 kcal를 섭취해야 한다. 소주의 알코올 함량은 25%이며 소주 1잔은 대략 45 mL로 소주 1잔의 에너지는 약 80 kcal이다. 만일 소주를 반 병(180 mL) 정도 마셨다면 술을 통해 섭취한 에너지가 약 320 kcal가 되며, 이는 한 끼 식사에서 취해야 하는 에너지의 40%에 해당된다. 따라서 하루 섭취하는 식품의 양이 줄고, 이때 특히 미량영양소 섭취량이 부족해질 수 있다. 술에는 에너지만 많고 다른 영양소는 매우 적으며(표 6-2), 에너지도 인체 내에서 도움이 되지 않으므로 이를 흔히 '빈 열량(empty calorie)'이라고 부른다.

표 6-2 술의 영양 분석

술의 종류	에너지 (kcal)	단백질 (g)	탄수화물 (g)	칼슘 (mg)	인 (mg)	철 (mg)	비타민 A (µg)	티아민 (mg)	리보플라빈 (mg)	비타민 C (mg)	알코올 농도(%)
생맥주 1컵(500 cc)	190	2.5	15.5	10.0	80.0	0.5	0.0	0.0	0.100	0.0	4
캔맥주 1캔(375 mL)	139	1.1	10.5	7.5	67.5	0.0	0.0	0.038	0.075	0.0	4
위스키 1잔(30 mL)	70	0.0	0.0	0.0	0.0	0.0	0.0	0.0	0.0	0.0	40
소주 1잔(45 mL)	80	0.0	0.0	0.0	0.0	0.0	0.0	0.0	0.0	0.0	25
청주 1잔(45 mL)	48	0.3	1.9	0.9	3.6	0.0	0.0	0.0	0.0	0.0	16
레드와인 1잔(120 mL)	85	0.24	5.76	8.4	12.0	0.6	0.0	0.0	0.012	0.0	12
막걸리 1사발(300 mL)	138	4.8	5.4	18.0	42.0	0.3	0.0	0.03	0.09	3.0	5
브랜디 1잔(30 mL)	84	0.0	0.0	0.0	0.0	0.0	0.0	0.0	0.0	0.0	40

3) 음주가 건강에 미치는 영향

지속되는 음주습관은 중년기 이후에 나타나는 여러 가지 질환의 원인이 될 수 있다. 술은 신경계부터 소화기계, 심혈관계, 조혈기관, 근육, 뼈, 호르몬, 면역 체계, 피부 등 인체의 거의 모든 기관에 영향을 미친다. 여기서는 그중 일부만 소개하도록 한다.

(1) 뇌와 신경

술은 위장관에서의 흡수속도가 빨라 짧은 시간 내에 인체의 신경기능을 교란시킨다. 술은 중추신경계의 활동을 한시적으로 교란시켜 평소와는 다른 태도를 보이도록 만드는데, 이는 사람의 성격에 따라 각기 다르게 나타난다(표 6-3). 잦은 과량의 음주는 혈중 중성지방의 양을 증가시켜 고혈압을 유도하고, 뇌동맥에 영향을 주어 뇌출혈이나 뇌경색을 일으킬 수 있다.

장기 알코올중독자들은 정상인보다 정신질환을 많이 앓는다. 특히 식습관의 불균형으로 인해 필수영양소 결핍증세가 흔히 나타나는데, 그중에서도 티아민의 결핍은 인체의 신경계에 영향을 주어 음주습관이 오래 지속되면(수년 혹은 20~30년) 점차 기억력이 떨어진다. 그뿐만 아니라 어떠한 일에 대한 판단능력, 사고능력, 인지능력 등 거의 모든 정신기능이 저하되어 결

표 6-3 음주량에 따른 심신의 변화

음주량 (소주)*	섭취 알코올 양(g)	혈중 알코올 농도(%)**	제거 소요시간 (시간)	심신상태
2잔	24	0.02~0.03	2	두드러진 변화는 없고 약간 기분이 좋음
3잔	36	0.05~0.06	4~5	이완감, 자극에 대한 반응성 약간 저하
5잔	60	0.08	8~10	식별 능력 저하, 어두운 곳에서 반응 저하, 주의력 감퇴
7잔	84	0.10	12	균형감각 상실, 정신활동 저하
10잔	120	0.20	16	운동조절능력 상실, 정신활동 교란
14잔	170	0.30	24	인사불성 상태
20잔	250	0.40	36	의식불명
21잔 이상	250 이상	0.50	36 이상	호흡부전으로 사망할 가능성 있음

* 소주 1잔 = 45mL
** {알코올 농도(%) × 마신 양(mL) × 0.8(알코올의 비중)} ÷ {체중(kg) × 성별계수(남성 0.7, 여성 0.55~0.6) × 100}

국 '알코올성 치매'가 나타나게 된다. 술이 신경계에 미치는 영향은 중추신경계뿐만 아니라 말초신경계에도 나타나는데, 이 경우 손발의 감각 이상이나 통증 등의 증세를 보이게 된다.

(2) 위와 소장
알코올은 다음과 같이 소화기관에도 영향을 미친다.

- 알코올은 위벽에서 위산을 분비하게 만든다. 술을 자주 마시면 위산 과다로 위점막이 손상되고, 이러한 상황이 지속되면 위궤양으로 진행될 수 있다. 특히 잦은 음주, 독한 술 섭취는 위점막에 큰 손상을 입힌다. 한국인의 음주량은 세계 13위 정도이지만, 독주를 가장 많이 마시는 국가 중 하나로 알려져 있다.
- 소장에는 영양소 흡수에 중요한 역할을 하는 점막층이 있다. 알코올은 소장 점막을 손상시켜 여러 가지 영양소의 흡수를 방해한다. 그중에서도 티아민 흡수가 불량해지면 신경계에 지속적으로 조금씩 문제가 생겨 기억력과 지각능력이 떨어지며, 물체가 2개로 보이는 복시현상 등의 시력장애가 일어날 수 있다. 또 엽산, 비타민 B_6, 비타민 B_{12} 등의 수용성 비타민과 철 등의 흡수도 불량해져 빈혈이 생긴다.
- 술을 자주 마시는 사람은 간암은 물론 식도암이나 대장암 발병률이 더 높은 것으로 보고된다. 특히 흡연자가 과음을 자주 하면 식도암 발병 위험률이 약 10배 정도 높아진다고 알려져 있다. 따라서 건강음주수칙 중 하나가 술과 담배를 한 자리에서 즐기지 않는 것이다. 최근 한국인의 대장암 발병률이 급격하면서도 지속적으로 높아지고 있는데, 음주습관이 한 원인으로 주목받고 있다.

(3) 간과 췌장
체내에 흡수된 술은 주로 간에서 대사된다. 따라서 과음은 간에 큰 부담을 준다.

- 만성적 알코올 섭취는 간에 지방을 침착시켜 알코올성 지방간을 발생시킨다. 지방간은 금주하면 치료되지만 그대로 지나치면 간염이나 간경변으로 진행될 수 있다.
- 알코올은 대사되면서 간세포를 파괴하는데 한 번 파괴된 간세포가 재생되려면 3~4일 정도가 걸린다. 지속적인 음주로 손상된 간세포가 재생될 시간이 부족하면 손상된 간조직이 제 기능을 하지 못하는 섬유조직으로 대체되어 간경변증이 생긴다. 간경변증은 간질환의

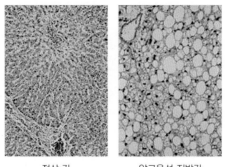

정상 간   알코올성 지방간

그림 6-3 **정상 간과 알코올성 지방간**

말기증상으로 회복이 매우 어렵다. 건강음주수칙 중 하나는 음주 후 3일 동안 술을 마시지 않는 것이다.

- 음주는 췌장 소화액을 과잉 분비시키므로 분비된 소화액이 소장으로 잘 배출되지 못하여 역류하면 췌장 세포를 손상시켜 염증을 일으킨다. 췌장염은 심한 통증과 함께 췌장기능 저하를 불러올 수 있다. 음주와 관련이 더욱 깊은 만성췌장염은 음주경력이 10~15년 정도 되는 30~40대에게서 빈번하게 발생하는데, 치료가 상당히 어려우며 반복되는 심한 통증과 소화불량증 등으로 고생하게 된다. 증상이 더욱 진행되면 당뇨병이 발생하기도 한다.
- 술을 마실 때 곁들이는 안주는 동서양을 막론하고 지방 함량이 높은 식품이 많다. 술을 마시는 동안 이러한 음식을 계속 먹으면 에너지를 과잉 섭취하게 되어 비만해지며, 지방간의 원인이 된다.

(4) 심장

음주와 심혈관계질환 유병률 간의 관계는 양면성을 보인다. 하루 1~2잔 정도의 알코올 섭취는 혈중 HDL-콜레스테롤 농도를 높이고 심혈관계질환에 대한 예방효과가 있음이 밝혀졌으나, 과음은 혈압을 높이고 알코올성 심근병증을 일으킬 수 있다. 알코올성 심근병증은 심장 근육의 전해질 대사가 교란되어 심근의 수축력이 약해지는 증상으로, 술을 끊으면 회복되지만 그렇지 않으면 심부전증을 일으키게 된다.

(5) 뼈

우리 몸은 과음하면 부갑상샘호르몬 분비가 저하되고, 소변으로 배출되는 칼슘의 양이 증가하여 체내 칼슘농도가 감소한다. 장기간 만성적으로 술을 마시면 비타민 D 대사에 장애가 생겨 칼슘 흡수율이 저하되고 뼈를 만드는 세포(조골세포)의 활성이 낮아져 뼈가 약해지고 골격 재생이 늦어진다. 특히 폐경 후 여성이나 노인의 뼈는 알코올에 더욱 민감한 것으로 알려져 있다. 청년기에는 골격 생성이 빠르게 일어나 최대골밀도에 이르는데, 이때 상습적인 음주를 하면 골격 형성에 방해를 받는다.

(6) 면역력

지속적인 음주는 인체의 백혈구 수를 현저히 감소시키고 그에 따라 면역기능을 하는 항체량도 감소된다. 따라서 알코올에 중독되면 세균성 또는 바이러스성 질환(감기 포함)에 걸리고 염증에 시달릴 확률이 높아지게 된다.

(7) 호르몬 대사

알코올성 췌장염은 췌장으로부터 분비되는 소화효소와 함께 혈당을 조절하는 호르몬인 인슐린의 분비량을 변화시켜 고혈당이나 저혈당을 초래하는 등 혈당 조절을 어렵게 한다. 특히 과음하면 현저한 저혈당이 유발되는데, 이때 뇌에 포도당이 공급되지 않으면 심각한 손상이 일어날 수 있다.

그뿐만 아니라 지속적으로 과도한 양의 알코올을 섭취하면 남성호르몬인 테스토스테론의 생합성에 관여하는 효소의 기능이 떨어져, 혈중 테스토스테론의 농도가 감소하고, 성기능이나 성욕이 감퇴되며, 상대적으로 여성호르몬(에스트로겐)의 농도가 높아져 턱수염이 사라지고 유방이 커지는 등 심각한 '여성화'가 나타나기도 한다. 가임기 여성이 과음하면 월경이 중단되고, 규칙적인 배란이 되지 않으며, 유산할 확률이 높아지거나 조기 폐경되기도 한다.

(8) 이뇨와 탈수작용

알코올은 이뇨효과와 탈수작용을 강하게 일으켜 술을 마시면 소변이 자주 마렵고, 소장에서 미처 흡수되지 못한 알코올이 소장점막을 자극하고 빠른 연동운동을 일으켜 설사를 유발한다. 알코올의 탈수작용은 피부에서도 일어나 피부가 건조해져 주름살이 늘고, 호르몬 불균형을 일으켜 노화를 가속화한다. 특히, 체내 수분이 감소하면 술을 마셨을 때 더 빨리 취하여 뇌세포나 간기능이 더욱 빨리 손상될 수 있으므로 노년기의 음주는 주의해야 한다.

4) 여성의 음주

여성은 남성에 비해 술을 분해하는 효소인 아세트알데히드 탈수소효소의 활성도가 낮다. 술에 대한 내성도 낮은 편이며, 몸집도 작아서 남성보다 쉽게 취하고 신체 피로도 쉽게 느낀다. 음주 여성의 유방암 발병률은 비음주군의 발병률보다 높으며, 지속적인 음주는 여성의 생식기능에 영향을 미쳐 생리불순, 성기능 부전, 조기 폐경, 불임, 태아알코올증후군 등을 초래할 수 있다(7장 참조).

5) 바람직한 음주습관(건강음주수칙)

음주로 인한 여러 가지 반사회적·윤리적 문제뿐만 아니라 건강상의 문제를 고려할 때, 다음에 제시하는 바람직한 음주습관을 반드시 지켜야 한다. 술을 마시기 전에는 항상 다음의 각 항목을 깊이 생각하고 실천하겠다는 자세를 가져야 한다.

- 음주 시 적당한 식사를 함께 한다.
- 안주는 에너지가 높은 감자와 고구마, 기름진 육류, 튀긴 음식보다는 비타민 및 무기질이 풍부하여 건강에 유익한 채소·과일류·견과류 등을 많이 먹되 과하지 않게 섭취한다.
- 술의 대사에 걸리는 시간을 고려하여 섭취빈도를 주 1~2회 이하로 하고, 마신 후에는 3~4일간 간세포가 휴식할 시간을 준다. 1일 음주량은 적정수준에서 지켜나간다.
- 한 번에 여러 종류의 술을 섞어 마시지 않는다.
- 기분이 좋지 않거나 술자리가 즐겁지 않을 때는 마시지 않는다.
- 니코틴은 간에 이중의 부담을 주므로 음주 시에는 흡연하지 않는다.
- 약 중에서도 특히 안정제, 수면제, 감기약 등은 술과 마찬가지로 간에서 대사되어 술과 함께 먹으면 약효가 떨어지고 상호작용으로 부작용을 일으키거나 알코올의 독성을 증가시킬 수 있다. 약을 복용하고 있을 때는 절대로 술을 마시지 않는다.

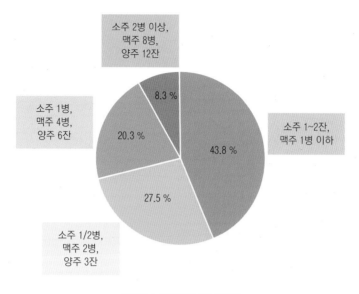

소주 1병,
맥주 4병,
양주 6잔

20.3 %

8.3 %

43.8 %

소주 1~2잔,
맥주 1병 이하

27.5 %

소주 1/2병,
맥주 2병,
양주 3잔

그림 6-4 대학생의 1회 음주량

3. 흡연은 얼마나 해로울까?

1) 흡연과 수명

흡연이 각종 암과 관련되어 있다는 사실이 알려지면서 담배의 유해성이 더욱 심각하게 받아들여지고 있다. 2019년 국가암정보센터의 '주요 암 사망분율'에 의하면 가장 높은 사망률을 나타내는 암은 폐암으로, 전체 암 사망자의 22.9%에 달하는 수치이다. 이 수치는 2위인 간암의 13.0%와 비교할 때도 월등히 높다. 이러한 결과는 남녀 모두에게 동일하게 나타나 남성은 27.2%, 여성은 15.8%로 남녀 모두 폐암이 사망률 1위를 차지하고 있다. 1989년부터 1998년, 2008년, 2019년에 이르기까지 지속적으로 사망률이 증가하고 있는 암은 폐암과 대장암, 유방암이며 위암과 간암의 사망률은 감소하고 있는 추세이다.

여성에 비해 남성의 사망률이 높은 암 중에서 대표적인 것은 식도암, 후두암, 기관·기관지 및 폐암 등으로, 남성이 여성보다 흡연이 위험요인으로 작용하는 암으로 사망할 확률이 훨씬

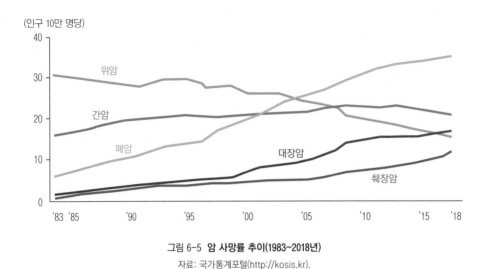

(인구 10만 명당)

그림 6-5 암 사망률 추이(1983~2018년)
자료: 국가통계포털(http://kosis.kr).

높았다. 여러 역학조사 결과, 흡연자는 비흡연자보다 평균수명이 5~8년이나 짧았다. 25세 성인이 하루에 담배 1갑을 계속 피우면 평균수명이 비흡연자보다 4.6년 단축되고, 하루에 2갑을 계속해서 피우면 수명이 약 8.3년 정도 단축된다는 연구 결과는 흡연과 사망률 간의 관계를 말해준다.

2) 한국인의 흡연 실태

성인 남성의 일반담배(궐련이라고도 함) 흡연율(평생 담배 5갑 이상을 피웠고 현재 담배를 피우는 사람의 분율)은 1980년 79.3%, 1998년 67.0% 등으로 과거에 매우 높았으나, 지속적인 금연 캠페인과 홍보, 흡연 단속 및 담배소비세 인상 등의 규제로 인해 2021년에는 31.3%로 감소하였다. 여성의 경우에는 1980년 12.5%, 1998년 6.6%에서 2015년에는 5.5%로 감소하였으나 이후 약간 증가하여 2021년 6.9%를 기록했다. 특히 대학에 다닐 시기인 20대 남성의 흡연율은 37.0%로 매우 높았으며 여성의 경우도 20대의 흡연율이 가장 높아 지도가 필요하다. 또한 2010년 이후로 전자담배 등의 흡연율이 증가하였으며(2019년 3.3%) 다양한 형태의 담배가 도입되고 있다.

흡연량도 매우 많아 2020년 성인 남성의 하루 평균 흡연량은 13.4개비였고, 성인 여성의 하루 평균 흡연량은 7.3개비였다. 성인 남성 흡연자 중 반수 이상이 하루 평균 11~20개비를 피

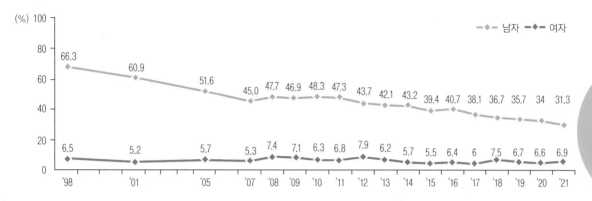

그림 6-6 **한국 성인의 일반담배 현재 흡연율**

자료: 질병관리본부. 2022 국민건강영양조사.

우고 있어 폐암의 위험성이 높은 것으로 보고되었다.

흡연으로 인한 폐암은 30여 년의 잠복기를 지나 발병하는 것으로 알려져 있다. 1990년도에 15세 이상 남성 흡연율이 세계 최고였던 우리나라 사람들의 2021년 암으로 인한 사망자 분율 중 가장 높은 것이 폐암이었다(전체 암 사망자의 22.9%). 폐암 사망률은 1990년대 이후로 급증하여 2000년 초부터 폐암은 우리나라 사람들의 암 사망원인 중 1위를 차지하고 있다.

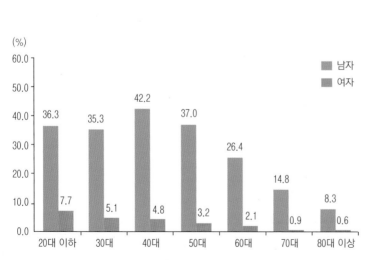

그림 6-7 **한국인 연령별 흡연율**

자료: 국민건강보험공단. 2021 건강검진통계연보.

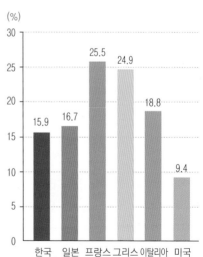

그림 6-8 **2020년 각국 15세 이상 국민의 흡연율 비교**

자료: 2020 OECD 보건통계.

3) 담배 속의 유해물질

담배 연기 속에는 4,000여 종의 성분이 존재하는데, 이 중 90%는 기체상태이고 10% 정도는 미립자 형태이다. 이들 중 발암물질로 의심되는 것은 69종이며, 확인된 발암물질은 11종이다. 최근 대기오염이 심각하여 오염원을 줄이려는 운동이 세계적으로 확산되고 있지만, 흡연 시 배출되는 초미세먼지의 순간 최대 배출량은 실외 초미세먼지농도 '나쁨' 기준($36\mu g/m^3$)의 80배 이상이다. 세계 여러 나라에서는 이미 담뱃갑에 유해성분 함량을 적거나 경고 그림과 문구를 표시하는 등의 법적 규제를 하고 있다. 담배 속의 대표적인 유해물질 3가지는 일산화탄소, 니코틴, 타르이다.

(1) 일산화탄소

일산화탄소는 무색무취의 기체로, 산소보다 200배 정도 적혈구와 잘 결합하며 적혈구와 산소

담뱃갑 경고그림 및 경고문구 표기

우리나라는 최근 담뱃갑 포장의 측면 중 한곳에 타르와 니코틴 함량을 반드시 표시하도록 하였다. 2016년 말에는 흡연 경고 그림과 문구를 판매되는 담뱃갑 포장에 의무적으로 인쇄하는 규정을 입법화하였다. 현재 보건복지부는 국민건강증진법에 '담뱃갑 포장지 경고그림 등 표기내용'을 고시하고 있다. 궐련의 경우 그림은 총 10종이 개발되었으며, 담뱃갑 전면과 후면, 측면에 경고 문구와 함께 법에 고시된 크기로 들어간다. 이는 흡연과 관련된 암, 심장질환, 뇌졸중 등 질환과 간접흡연, 임신부 흡연, 성기능장애, 피부 노화, 조기 사망을 경고하는 그림들로 이루어져 있다.

경고 문구는 전면에 그림과 함께 질병명(암, 심장병, 뇌졸중 등)과 금연상담전화번호 등이 들어간다. 담뱃갑 후면에는 "담배 연기에는 발암성 물질인 나프틸아민, 니켈, 벤젠, 비닐 크롤라이드, 비소, 카드뮴이 들어있습니다." 를 넣고, 측면에는 "타르 흡입량은 흡연자의 흡연습관에 따라 달라질 수 있습니다."를 표시하게끔 하였다. 또 일반 담배가 아닌 전자담배나 씹는 담배, 물담배, 머금는 담배 등에 대한 경고그림과 문구 표시도 의무화했다.

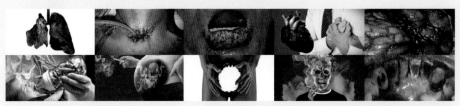

담뱃갑의 흡연 경고 그림 10종
자료: 보건복지부(2022).

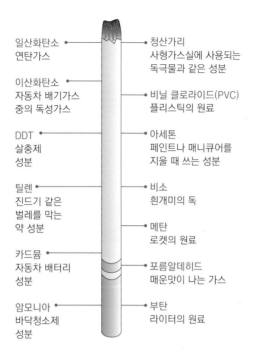

일산화탄소
연탄가스

이산화탄소
자동차 배기가스
중의 독성가스

DDT
살충제
성분

틸렌
진드기 같은
벌레를 막는
약 성분

카드뮴
자동차 배터리
성분

암모니아
바닥청소제
성분

청산가리
사형가스실에 사용되는
독극물과 같은 성분

비닐 클로라이드(PVC)
플라스틱의 원료

아세톤
페인트나 매니큐어를
지울 때 쓰는 성분

비소
흰개미의 독

메탄
로켓의 원료

포름알데히드
매운맛이 나는 가스

부탄
라이터의 원료

그림 6-9 담배의 유해성분
자료: 충주시 보건소 홈페이지.

의 결합을 방해한다. 대기 중의 일산화탄소 농도는 0.1~0.2 ppm으로 거의 없다고 보아야 하지만, 담배 연기 속에는 0.5~1.0%의 일산화탄소가 포함되어있다.

흡연자의 세포는 비흡연자의 세포보다 산소를 충분히 공급받지 못한다. 결과적으로 일산화탄소에 의한 산소 부족은 신진대사에 장애가 생기게 하고, 조기 노화와 함께 혈소판 응집력을 증가시켜 혈전을 쉽게 형성시킨다. 일산화탄소는 동맥 혈관의 내벽세포를 파괴하여 약화시킨다.

(2) 니코틴

니코틴은 곤충에게 강력한 신경독성을 띠는 살충제 성분이다. 인간에 대한 치사량은 60 mg 정도로 알려져 있다. 담배 한 개비당 니코틴 함량은 0.5~1 mg 정도이고, 그중 인체에 흡수되는 양은 0.1 mg 정도이다. 인체는 니코틴에 대한 내성을 가지고 있어 코카인이나 헤로인과 같이 중독 증상을 일으키기 때문에 흡연자는 계속 담배를 피우게 된다. 금연 시 나타나는 금단 증세 역시 니코틴이 작용한 결과라고 할 수 있다.

니코틴은 흡수되어 뇌로 빠르게 이동한 후 체내에 재분포된다. 니코틴은 맥박 수를 늘리며 혈압을 상승시킨다. 또 혈청 저밀도지단백(LDL)과 혈소판 응집력을 증가시켜 동맥경화를 진전시킨다. 흡연자들은 비흡연자들보다 허리둘레 및 허리-엉덩이 둘레비(Waist-Hip Ratio, WHR)가 높아 복강지방이 많은 체형을 갖게 되는데, 이 경우 오히려 만성질환으로의 진행 가능성이 높아 복부지방을 뺄 필요가 있다.

(3) 타르

타르는 목재가 연소할 때 나오는 수지의 일종으로 점성이 있는 액체이다. 담배 연기 속의 타르는 담배의 맛과 향을 결정하는 주요 인자로, 흡연욕구를 강하게 일으키는 원인이 된다. 타르의 성분은 대부분 발암성 물질로 폐암의 원인이 될 수 있다. 특히 크기가 작은 타르는 인체에 흡입되어 호흡기 정맥세포와 폐포 사이에 손상을 입히고, 폐의 세포를 변화시켜 폐암의 직접적인 원인이 될 수 있다.

4) 흡연과 영양

대체로 흡연자들은 비흡연자들보다 아침 결식률이 높고 식습관도 불규칙하다. 흡연자들은 포화지방 섭취율이 높고 알코올과 커피 등을 더 많이 섭취하며 비타민과 무기질 섭취량은 적다.

흡연은 혈청의 구리 농도를 증가시켜 구리와 아연의 비(Cu/Zn)를 높여 심근경색의 위험성을 증가시킨다. 또 담배 연기 속에는 지질과산화를 일으키는 자유기(free radical)가 많이 함유되어있어 인체의 세포막을 손상시키고 면역력을 낮추며 발암 가능성을 높인다.

자유기의 유해작용으로부터 인체를 방어하는 영양소로는 비타민 A, 비타민 C 등의 항산화 비타민과 셀레늄 등이 있는데, 특히 흡연자는 혈액 속의 항산화 비타민 농도가 낮아 이러한 비타민의 급원이 되는 식품 섭취가 필요하다. 흡연자는 하루 200 mg 이상의 비타민 C를 섭취해야 정상적인 혈청 비타민 C 농도를 유지할 수 있다. 담배를 1개비 피우면 체내 비타민 C의 약 25 mg 정도를 소비하기 때문이다. 미국이나 영국은 흡연자의 비타민 C 권장량을 비흡연자의 약 2배로 정하였다. 금연은 불안, 신경과민, 피곤 등의 증상을 일으키는데 이때 티아민(비타민 B_2)을 공급하면 증상을 호전시킬 수 있다.

5) 간접흡연

간접흡연이란 비흡연자가 흡연자와 같은 공간에서 흡연자의 담배 연기를 흡입하여 흡연을 하는 것과 같은 상황에 놓이게 되는 것을 뜻한다. 과연 간접흡연만으로 심각한 건강상의 피해를 입을 수 있느냐에 대한 문제는, 여러 나라의 연구자들이나 기관에서 내놓는 보고서를 참고하면 답을 쉽게 얻을 수 있다. 호주의 국립보건의료연구협의회는 연방법원의 반대에도 불구하고, "간접흡연은 폐암을 비롯한 각종 호흡기 질환과 심장병을 유발하는 등 비흡연자의 건강에 악영향을 끼친다."라고 못 박은 보고서를 발표하였다. 담배의 끝부분에서 나오는 연기는 흡연자가 흡입 후에 내뿜는 연기보다 유해물질을 더 많이 함유하기 때문에 폐에 더욱 나쁜 영향을 끼칠 수 있다.

폐가 완전히 성숙하지 않은 어린이가 간접흡연의 상태에 놓였을 때는 문제가 더욱 심각하다. 간접흡연에 노출된 소아와 청소년은 천식 위험이 높아진다. 이에 따라 2000년 5월, 미국 국립환경보건과학연구소(NIEHS)는 간접흡연과 술을 다른 12개의 항목과 함께 암 유발물질로 지정하였다. 우리나라 역시 간접흡연의 피해를 예방할 만한 제도적 장치를 마련해야 할 것이며, 흡연자는 자신의 흡연이 남에게 심각한 피해를 줄 수 있음을 알고 흡연예절을 지켜야 할 것이다.

대한보건협회의 절주 및 금연 교육자료

대한보건협회에서는 국민의 건강을 위협하는 알코올과 흡연의 폐해를 막기 위하여 다양한 교육자료를 제공하고 있다. 이러한 자료는 대한보건협회에 사용을 신청한 후 이용할 수 있다.

• 책자: 알코올정책, 태아알코올증후군, 대학생폭음예방 프로그램, 만화로 보는 절주이야기 등
• 동영상: '우리 팀장님이 달라졌어요' 절주 캠페인, 절주송, 건전한 음주를 위한 대학생 UCC 등

1. 음주의 자가 진단법을 알아보자.

2. 흡연의 자가 진단법을 알아보자.

3. 금주와 금연을 도울 수 있는 방법에는 무엇이 있을지 알아보자.

4. 시판되는 담배 속의 타르와 니코틴 함량을 알아보자.

5. 전자담배가 인체에 미칠 수 있는 영향에 대해 알아보자.

6. 커피전문점에서 시판되는 음료의 카페인 함량을 알아보자.

memo

living topics

DIET
for
YOU

PART **3**
건강한 미래

07 부모가 될 준비

08 지질, 식이섬유와 만성질환

09 당류, 나트륨과 건강

07

부모가 될 준비

많은 대학생이 머지않은 미래에 결혼을 하고 부모가 될 것이다. 건강한 아기는 건강한 부모에게서 출생하기 때문에, 부모의 임신 전과 임신 초기의 영양상태가 아기의 건강에 무엇보다 중요하다. 대부분 임신 4~8주가 되어서야 임신임을 알게 되는데, 이 시기에 아기의 주요 기관들이 형성되므로 이때의 영양상태가 나쁘거나 음주 및 흡연 등을 하면 좋지 않은 임신 결과가 초래될 수 있다.

그뿐만 아니라 태아의 영양상태는 아기가 자라 어른이 된 후의 만성질환 발병에도 영향을 미친다고 알려져 있으므로, 임신 전 부부의 영양과 건강은 우리 사회의 건강을 좌우하는 가장 기본적인 문제라고 볼 수 있다. 따라서 아기가 최대한 건강한 삶을 시작할 수 있도록 임신 전부터 부모가 될 준비를 해야 한다.

1. 계획임신이란?

계획임신이란 아기가 건강하고 행복하게 자랄 수 있도록 부부가 정신적·육체적으로 건강하고, 경제적으로 적절한 시기를 계획하여 임신하는 것을 말한다. 우리나라의 계획임신율은 약 50%이다.

비계획임신은 계획임신보다 임신 초기의 기형을 유발할 수 있는 약, 알코올, 흡연, 방사선 등에 노출된 채로 임신할 가능성이 더 크다. 이로 인해 저체중아 출산, 기형아 출산, 조산 등 나쁜 임신 결과가 초래될 수 있다. 따라서 예비 임신 부부는 장래 아기의 위험요인을 파악하고 이를 개선하기 위해 임신 전 관리를 해야 한다.

1) 임신 전 남성의 준비

일반적으로 임신 전 여성의 영양은 중요하다고 생각하지만, 임신 전 남성의 영양관리에는 관심을 두지 않는 경우가 많다. 그러나 실제로 자연임신을 하기 위해서는 건강한 정자와 난자가 필요하다.

불임의 원인을 분석하면 남성이 1/3, 여성이 1/3, 원인을 모르거나 양측 모두가 원인인 경우가 1/3에 해당된다. 더욱이 세계적으로 남성의 정자 수는 지속적으로 감소하고 있다. 한 연구 결과에 따르면 1940년과 비교할 때 50년이 지난 1990년에 남성의 정자 수가 반으로 줄었고, 그 후 10년 만에 다시 반으로 줄었다고 한다. 이러한 현상이 나타나는 원인으로는 환경적인 요소도 있지만, 영양상태 역시 정자의 수와 건강에 직접적인 영향을 주므로 간과할 수 없다.

남성의 경우, 자연임신을 위해 적어도 10개월 전부터 준비해야 한다. 오늘 수정되는 정자는 약 3~4개월 전에 만들어진 정조세포에서 여러 과정을 거쳐 성숙된 것이며, 건강한 정조세포가 만들어지려면 5~6개월 전부터 최고의 건강상태를 만들어야 하므로 수정 10개월 전부터 충분한 영양소를 섭취하여 임신을 준비해야 한다.

(1) 건강체중 유지

남성이 비만이거나 저체중인 경우, 임신하기에 적절한 수준 이하로 정자 수가 감소하여 불임이 될 가능성이 높다. 이 경우 만약 수정이 되더라도 여성이 유산할 가능성이 높다. 따라서 정상 체중을 유지하는 것이 좋다.

(2) 적절한 영양상태

모든 영양소가 중요하지만, 특히 다음의 영양소가 부족하지 않도록 충분히 섭취해야 한다.

- **엽산** 수정 전 정자에 충분한 양의 엽산이 저장될 수 있도록 임신 전 엽산의 영양상태를 잘 관리해야 한다. 엽산은 푸른잎 채소, 콩류, 해조류, 과일류 등에 풍부하게 함유되어있다.
- **비타민 C** 정액에는 비타민 C가 풍부하게 들어있으며, 유해산소로부터 정자의 유전물질을 보호해준다. 비타민 C는 과일과 채소에 풍부하다.
- **아연** 전립샘과 정액에 매우 높은 농도로 존재하여 정자를 보호하고, 정자의 운동성을 조절해준다. 아연이 결핍되면 정자 수가 줄어들고 수정능력이 감소한다. 아연은 굴, 육류, 난황 등에 풍부하게 들어있다.

(3) 건강 관련 습관

- **음주** 알코올은 정자 수를 감소시키고 정자의 운동능력을 저하시킨다. 따라서 임신을 계획하고 있다면, 정자가 만들어지고 성숙해지는 3~4개월간은 금주하는 것이 좋다.
- **흡연** 흡연은 남성의 수정능력을 감소시킨다. 정자 생성 시 니코틴 등의 유해물질에 노출되면 정자세포 중에서 돌연변이가 생길 수 있다. 그뿐만 아니라 간접흡연에 노출된 여성은 그렇지 않은 여성보다 유산, 조산, 저체중아 출산 등의 위험성이 높으므로 임신을 계획하고 있다면 반드시 금연해야 한다.
- **카페인** 남성이 하루 700 mg 이상의 카페인을 섭취하면 자연임신이 지연된다는 연구 결과가 있다. 만약 임신을 계획하고 있다면, 남성의 경우 커피를 하루 2잔 이하로 마시는 것이 좋다.

2) 임신 전 여성의 준비

(1) 건강체중 유지

여성의 임신 전 체중은 태아의 성장에 영향을 주므로, 임신 전에 건강체중을 유지하는 것이 매우 중요하다. 저체중 여성의 경우에는 임신성 빈혈, 태반 발달 저하, 조산, 저체중아 출산의 가능성이 높고 영아 사망률 또한 높다. 저체중은 불량한 식사와 과도한 식이 제한으로 생길 수 있으므로, 저체중 여성은 임신 전 체중을 건강체중으로 만들 필요가 있다.

비만인 경우에도 임신과 출산에 영향을 미칠 수 있다. 비만인 여성은 임신성 고혈압, 임신성 당뇨, 임신중독증 등이 나타날 위험이 크다. 또한 선천성 기형, 유산, 사산이 나타나거나 거대아를 출산할 확률이 높으며, 정상적으로 분만하기가 어려울 수도 있다. 따라서 임신 전부터 건강체중이 되도록 노력해야 하는데, 만약 비만인 여성이 임신을 했다면 임신 후 체중 감량을 시도하는 것은 바람직하지 않다.

(2) 적절한 영양상태

여성의 영양상태가 좋지 않거나 식이를 지나치게 제한하면 여성의 월경주기가 불규칙해지고 수정능력이 감소한다. 이 경우 수정 후에도 태반이 충분히 발달하지 못하여 크기가 작아지고, 혈류량이 적어 태아의 성장과 발달이 지연된다. 태반이 불충분하게 형성되면, 나머지 임신기간 동안 영양을 적절하게 섭취한다 하더라도 회복되기 어렵다.

모체의 적절한 영양상태는 모체의 건강과 아기의 성장뿐만 아니라, 아기가 성장한 후의 건강에도 영향을 미친다. 여성의 영양 부족, 비만, 당뇨 등은 자녀가 성장한 후 대사증후군에 걸릴 위험을 증가시킨다.

(3) 신경관결손증 예방을 위한 엽산 보충제 섭취

뇌와 척추를 만들어주는 신경관은 수정 후 28일 이내에 둥근 관(tube) 모양으로 형성되는데, 이때 엽산이 부족하면 신경관이 완전히 닫히지 않아 무뇌증, 이분척추 등의 신경관결손증(neural tube defects)에 걸린 아기를 출산할 수 있다. 수정 후 28일에는 임신 여부를 아직 알기 어렵기 때문에, 임신 가능성이 있는 여성이라면 엽산 보충제를 복용하는 것이 권장된다. 특히 적어도 임신 1개월 전부터 출산 후 3개월까지는 엽산 보충제를 반드시 복용해야 한다.

2. 임신기의 식사는 어떻게 할까?

임신기에는 대부분의 영양소 필요량이 증가한다. 모든 영양소가 각자 중요한 역할을 맡고 있지만 엽산, 칼슘, 철이 특히 중요하다.

1) 에너지

임신기에는 기초대사량이 상승하고 태아의 성장 발달과 모체 지방조직 축적을 위해 더 많은 에너지가 필요해진다. 모체에 축적되는 지방은 임신의 유지와 출산을 돕기 위한 것으로, 적절한 체중 증가는 임신부와 아기의 건강을 예측하게 해주는 좋은 지표가 된다.

임신부가 임신 전에 건강체중이었던 경우에는, 임신 초기(임신 13주까지)에 0.5~2 kg이 증가하고, 그 후에는 주당 0.5 kg이 늘어 출산 때까지 약 11~16 kg이 증가하게 된다. 이를 위해 에너지를 적절하게 섭취해야 한다. 임신 초기 에너지 필요량은 임신 전과 같으나, 중기에는 임신 전보다 340 kcal, 후기에는 450 kcal가 증가한다.

이러한 에너지 증가량은 평상시의 균형 잡힌 식사에 간식을 더하는 양으로, 가령 하루에 우

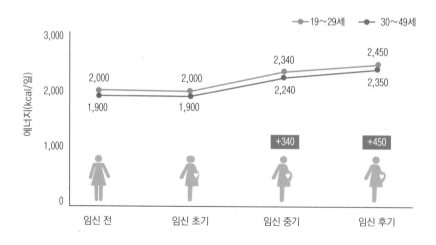

그림 7-1 **임신부의 에너지 필요량**
자료: 보건복지부·한국영양학회(2020). 2020 한국인 영양소 섭취기준.

유 2컵과 사과 1개를 더 먹으면 350 kcal를 추가로 섭취할 수 있다. 임신기의 에너지 섭취량이 지나치게 적으면 체중이 잘 증가되지 않아 빈혈이나 태반 형성 저해 등이 일어나 유산 및 사산 등의 위험이 있다. 반면, 임신기에 에너지 섭취량이 지나치게 많아 체중이 과다하게 증가하면 임신성 당뇨, 임신성 고혈압이 나타나기 쉬우며 이로 인해 거대아 출산, 유산, 사산을 할 위험이 있다. 또한 분만 시에 어려움을 겪고 분만 후에도 비만이 될 가능성이 있다.

따라서 임신부는 에너지 섭취를 적절하게 증가시켜야 하며, 다양한 비타민과 무기질을 충분히 먹어야 한다. 따라서 임신하지 않은 여성과 비교할 때 고기·생선·달걀·콩류, 채소류, 과일류, 우유·유제품류의 섭취량을 증가시키는 것이 바람직하다.

2) 철 보충제

적혈구의 구성성분인 철은 태반과 태아의 성장에 필수적이며 임신기에 매우 중요한 영양소이다. 임신기에는 모체의 혈액량이 증가할 뿐만 아니라 아기 출생 후 첫 4~6개월 동안 필요한 철을 저장해야 하므로 임신 전보다 철 필요량이 증가하게 된다. 임신 전 여성의 철 권장섭취량은 14 mg이지만 임신 후에는 24 mg으로 약 1.7배 증가한다. 그러나 우리나라 임신부의 평균철 섭취량은 권장섭취량의 약 60%에 불과하다.

임신 중 철이 부족하면 임신부가 피로를 쉽게 느끼며, 태아의 성장이 지연되어 저체중아를 출산하거나 조산할 위험이 증가한다. 또 분만 시 산모와 태아의 사망 위험도 증가한다. 아울러 이들에게서 태어난 아기는 철 영양상태가 불량하고 잠재성 빈혈이 발생할 확률이 높다. 식사로부터 철을 권장섭취량만큼 섭취하기란 어려운 일이므로, 임신 중기 이후에는 철 보충제를 섭취하는 것이 좋으나 이때 철의 상한섭취량인 45 mg 이하로 섭취하도록 한다.

3) 뼈와 관련된 영양소

(1) 칼슘
칼슘은 태아의 튼튼한 뼈와 조직을 위해 필요하며, 임신성 고혈압 예방에도 도움이 된다. 임신 기간에는 소장에서의 칼슘 흡수가 증가하고, 소변을 통한 배설량이 감소되어 칼슘이 체내에 점진적으로 축적되므로 권장섭취량은 임신 전과 같다. 우리나라 임신부의 평균 칼슘 섭취량은 권장섭취량의 약 80%에 불과하다.

임신부의 칼슘 섭취가 부족하면 모체의 뼈에 저장된 칼슘이 태아에게 공급된다. 만약 임신이 빈번하게 일어나거나 임신 전 골밀도가 낮은 경우 향후 모체에 골다공증이 발생할 위험이 높다. 칼슘을 충분히 섭취하려면 규칙적인 식사와 함께 우유 2컵을 섭취하는 것이 권장된다.

(2) 비타민 D

비타민 D는 칼슘의 흡수와 이용에 중요한 역할을 한다. 임신부에게 비타민 D가 결핍되면 정상적인 칼슘 대사가 저해되어 태아에게는 구루병이, 모체에게는 골연화증이 발생할 수 있다.

비타민 D는 햇볕에 의해 피부에서 합성되므로 충분한 시간 동안 햇볕에 노출된다면 식품으로부터 섭취할 필요는 없다. 그러나 현대인들은 대부분 실내 생활과 자외선 차단제 탓에 비타민 D를 충분히 합성하기 어려우므로 생선, 달걀(노른자), 칼슘강화우유, 버섯 등 비타민 D가 많이 함유된 식품을 섭취해야 한다.

4) 기호식품 섭취

모체의 혈액으로 운반되는 카페인이나 알코올도 영양소처럼 태반을 통해 태아에게 전달된다. 따라서 임신부는 기호식품 섭취 시에도 주의할 필요가 있다.

(1) 카페인

카페인은 중추신경계를 자극하고, 위산 분비를 촉진한다. 또 철의 흡수를 방해하며, 칼슘의 배출도 촉진하므로 가능하면 적게 섭취하는 것이 좋다. 임신 중 카페인을 지나치게 많이 섭취하면 유산, 조산, 사산 또는 저체중아 출산이 초래될 수 있다.

식품의약품안전처는 임신부의 경우, 카페인을 하루 300 mg 이내로 섭취하도록 권고하고 있다. 카페인은 커피, 차, 콜라, 초콜릿, 에너지음료, 감기약 등에 들어있으므로 음료를 마실 때는 카페인 함량을 확인하고, 커피는 하루 1잔 이내로 섭취하는 것이 좋다.

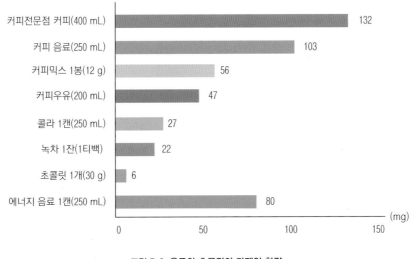

그림 7-2 음료와 초콜릿의 카페인 함량
자료: 식품의약품안전처(2020).

(2) 알코올

2014년 국민건강영양조사 결과에 의하면 우리나라 19~39세 여성의 55% 이상이 월 1회 이상 음주를 하였으며, 1회 평균 5잔 이상을 주 2회 이상 음주하는 고위험음주율은 10% 정도였다. 음주를 하면 영양이 풍부한 다른 음식을 덜 먹게 되어 식사가 부실해지기 쉬우며, 섭취한 영양소의 흡수와 이용이 방해받는다. 임신 중 알코올을 섭취하면 태아에게 좋은 영양을 제공하기 어려울 뿐만 아니라 직접적인 독성효과로 태아 발달에 손상을 주어 유산, 사산, 저체중아 출산 등이 유발될 수 있다. 알코올은 태아의 뇌세포에 산소 공급을 차단하여 뇌 발달에 손상을 주므로 아기가 태어난 후 학습장애가 나타날 수도 있다.

태아가 알코올에 노출되어 특징적인 안면 이상과 중추신경계 이상의 증상을 나타내는 것을 태아알코올증후군(Fetal Alcohol Syndrome, FAS)이라고 한다. 이러한 증후군을 가진 아기는 자궁 내 성장 부진으로 신장, 체중, 머리둘레가 작으며 눈·코·입술 등의 안면 기형, 뇌, 심장 등의 신체적 결함, 정신지체 등의 특징을 나타낸다. 이들은 임신기간과 출생 후 초기 몇 달 동안 사망할 위험성이 높고, 신체적인 결함을 나타내지 않더라도 학습장애를 나타낼 수 있으며 이러한 결함은 일생 동안 지속된다. 그림 7-3은 전형적인 태아알코올증후군 아기의 얼굴 특징이다.

알코올은 조직과 기관의 주된 발달이 일어나는 임신 전기에 심각한 영향을 미치며, 대부분

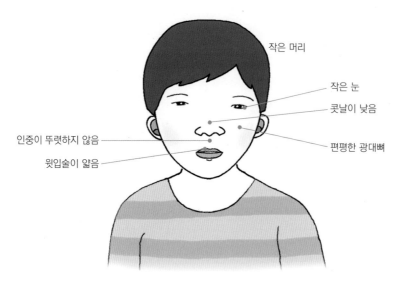

작은 머리

작은 눈

콧날이 낮음

인중이 뚜렷하지 않음

윗입술이 얇음

편평한 광대뼈

그림 7-3 태아알코올증후군 아기의 얼굴 특징

이 시기에 태아의 신체적 손상이 일어난다. 그러나 뇌의 가장 중요한 발달과 성장은 마지막 3 개월 동안 이루어지므로 임신 후기에도 태아의 감정과 지각에 손상이 발생할 수 있다.

어느 정도의 음주가 태아에게 심각한 영향을 주느냐는 분명하지 않지만, 소량의 알코올을 섭취한 임신부에게서도 태아 기관의 기형이 발견되었으며 태아알코올증후군을 가진 아기가 태어난 사례가 있다. 따라서 전체 임신기간 동안 알코올을 섭취하지 않아야 한다.

(3) 흡연

가임기 여성의 흡연율은 점차 증가하는 추세로, 2021년 국민건강영양조사 결과 20대는 11.4%, 30대는 7.9%로 보고되었다. 임신부가 흡연을 하거나 정기적으로 간접흡연에 노출되면 일산화탄소, 니코틴, 시아나이드 등의 독성 화합물들이 흡수되어 태아에게 가는 혈액 공급이 제한되고 태반을 통한 산소 및 영양소 수송량과 노폐물 수송량이 감소된다. 이에 따라 태아의 성장이 지연되고, 아기의 뇌와 호흡 중추 발달이 저하된다. 이로 인해 유산, 조산, 저체중아 출산, 사산의 위험과 심장 기형, 영아급성사망증후군(sudden infant death syndrome)의 위험이 증가하며 아기가 성인이 된 후 비만, 고혈압, 신장질환이 발병할 위험성도 커진다. 따라서 임신 중에는 흡연을 절대 하지 않아야 하며, 임신 전에도 미래의 건강한 아기 출산을 위해 흡연을 하지 않는 것이 좋다.

3. 모유 수유가 왜 중요한가?

모유는 아기에게 필요한 모든 영양소를 제공할 뿐만 아니라 면역물질을 함유하고 있어 아기의 성장과 발달에 가장 이상적인 식품으로, 모유 수유는 모체의 건강을 위해서도 실천해야 한다. 세계보건기구와 유니세프에서는 산후 첫 6개월 동안 어떠한 다른 보충식도 먹이지 않고 오로지 모유만 먹이는 완전 모유 수유를 권장하며, 6개월 이후에는 보충식과 함께 2년 이상 모유 수유를 지속할 것을 권장한다.

우리나라의 모유 수유율은 1970년대에 90% 정도였으나 모유대체식이 판매되면서 점차 감소하여 2000년에는 10%까지 떨어졌다. 그 후 유니세프한국위원회를 비롯한 여러 단체에서 모유 수유 홍보와 교육을 펼치면서 증가하였지만 2010년 이후 다시 감소하여 2021년의 완전모유 수유율은 생후 5개월 시점에 20.1%였다.

우리나라 모유 수유의 문제는 어머니의 소득수준과 교육수준이 높을수록 모유 수유율이 낮다는 점이다. 대조적으로 미국, 영국, 스웨덴 등의 선진국에서는 어머니의 교육수준과 소득수준이 높을수록 모유 수유율이 높은 것으로 조사되고 있다. 많은 연구 결과에 나타난 모유 수유의 장점을 모유를 수유받는 아기, 어머니, 경제적 측면에서 정리하면 표 7-1과 같다.

표 7-1 **모유 수유의 장점**

측면	장점
아기의 측면	• 성장에 필요한 균형 잡힌 영양소 공급 • 감염으로부터의 보호 • 알레르기로부터의 보호 • 지능 발달 • 정서적 안정
어머니의 측면	• 빠른 산후 회복 • 체중 조절 • 피임효과 • 모체 보호(유방암, 난소암, 자궁암 위험 감소) • 정서적 안정
경제적 측면	• 편리함, 경제적 이익

1) 아기의 측면

(1) 아기에게 이상적인 식품
모유는 아기에게 가장 완전한 식품이다. 모유는 아기가 생후 6개월까지 성장하는 데 필요한 모든 영양소를 함유하고 있으며, 그 조성이 아기에게 가장 이상적이다. 모유의 성분은 아기가 성장함에 따라 변화되는 요구량을 충족하도록 변한다. 또 수유를 하는 중에도 처음보다 나중에 나오는 모유에 지방이 더 많이 들어있어 아기에게 포만감과 만족감을 주게 된다.

(2) 감염으로부터 보호
모유에는 면역물질이 풍부하게 들어있으며, 이 면역물질은 아기의 면역계가 기능을 시작할 때까지 아기를 호흡기질환이나 중이염 등으로부터 보호해준다. 모유는 소화가 잘되어 설사나 변비 등을 일으키지 않는다.

   우유와 두유를 원료로 한 인공조제유는 아기의 성장을 위한 영양소를 공급해주지만, 면역물질 등 아기에게 유익한 모유 내의 일부 주요 성분은 함유되어있지 않아 조제유 수유아가 감염에 더 취약하다.

(3) 알레르기로부터 보호
모유 수유아는 유아기에 알레르기에 걸릴 확률이 감소한다. 우유에는 모유에 존재하지 않는 β-락토글로불린(lactoglobulin) 등 강력한 알레르기 유발 단백질이 함유되어있다. 따라서 모

표 7-2 **모유와 우유, 조제분유의 조성 비교**

구분	모유	우유	조제분유
면역물질	있음	없음	없음
단백질	적정한 수준, 소화가 쉬움	함량이 너무 많음, 소화가 어려움	부분적으로 보정
지방	필수지방산 충분, 리파아제 있음	필수지방산 부족, 리파아제 없음	필수지방산 부분 첨가, 리파아제 없음
무기질	적정한 수준	너무 많음	부분적으로 보정
철	소량, 흡수율 높음	소량, 흡수율 낮음	철 첨가, 흡수율 낮음
비타민	충분	비타민 C 부족	비타민 첨가

유를 수유하면 아토피 피부염, 식품 알레르기, 호흡성 알레르기 발생 확률을 줄일 수 있다.

(4) 지능 발달

출생 초기의 모유 수유는 아기의 지능 발달에 영향을 준다. 모유에는 뇌와 신경 발달에 필요한 DHA(decosahexaenoic acid)와 아라키돈산(arachidonic acid)이 풍부하여 모유영양아의 지능지수가 분유를 먹고 자란 아기보다 높은 것으로 보고된다. 이러한 차이는 특히 미숙아에게서 더욱 현저히 나타난다.

(5) 정서적 안정

아기는 모유 수유 중에 어머니의 심장 소리를 듣는다. 또 피부 접촉과 눈 맞춤을 통해 심리적·정서적 안정을 얻는다.

(6) 비만 예방

모유 수유아는 성장했을 때 비만이 될 확률이 더 낮다.

(7) 다양한 맛 경험

조제유는 맛이 늘 같지만, 모유는 어머니가 먹는 음식에 따라 맛이 다양하게 달라진다. 이를 통해 가족의 입맛에 익숙해질 수 있고 편식을 예방할 수 있다.

2) 어머니의 측면

(1) 빠른 산후 회복

아기가 젖을 빨면 옥시토신이라는 호르몬이 분비된다. 이 호르몬은 자궁 수축을 도와주고 산후 출혈을 감소시켜 산후 회복을 빠르게 해준다.

(2) 체중 조절

임신을 하면 체지방이 축적되는데, 이는 출산과 모유 수유에 많은 에너지가 필요하기 때문에 모체에 예비해두는 것이다. 아기에게 모유 수유를 하면 여분의 지방이 사용되어 임신 전 체중으로 쉽게 돌아갈 수 있다.

(3) 피임효과

모유를 수유하는 동안에는 프로락틴이 분비되며, 이는 배란을 억제하는 작용을 한다. 따라서 월경을 하지 않아 피임효과가 생기며, 저절로 다음 아기와의 나이 터울을 조절할 수 있게 된다. 또 월경으로 잃는 철을 보유할 수 있게 된다.

(4) 모체의 보호

모유 수유를 하면 유방암, 난소암, 자궁암의 발생위험이 감소되며 골다공증에 걸릴 위험성이 줄어든다.

(5) 정서적 안정

모유 수유 시 분비되는 옥시토신은 진정제 역할을 하여 어머니의 기분을 좋게 하고 평온해지게 만든다. 산후우울증도 예방한다.

3) 경제적 측면

모유 수유를 하면 인공조제유, 수유기구 등을 구입하는 데 드는 비용을 절약할 수 있다. 또 조제유를 물에 타거나 수유기구를 소독하는 데 필요한 물, 열원, 시간 등이 절약된다. 모유의 면역성분 덕분에 아기가 질병에 걸릴 확률도 줄어들어 의료비가 절약되므로 경제적이다.

연습문제

1. 건강한 부모가 되기 위하여 무엇을 할 수 있는지 알아보자.

2. 임신기 동안 중요한 영양소는 무엇이며, 이를 어떻게 섭취할 수 있는지 조사해보자.

3. 모유 수유의 좋은 점을 설명해보자.

08

지질, 식이섬유와 만성질환

어떠한 집단의 질병 이환율과 사망 원인에 관한 자료를 분석해보면, 그 집단의 일반적인 영양 문제를 파악할 수 있다. 감염성 질환이 많이 생긴다면 경제·의료·위생상태가 좋지 않고 다수에게 영양 부족이 나타난다는 것을 예측할 수 있다. 만성질환으로 인한 사망률이 높은 경우에는 비교적 경제수준이 높고, 영양 과잉인 경우가 많다는 것을 예측할 수 있다.

2022년 우리나라의 주요 사망 원인은 암, 심장질환, 코로나19, 폐렴, 뇌혈관 질환의 순이었으며(표 8-1), 암 중에서는 폐암(36.3명), 간암(19.9명), 대장암(17.9명), 췌장암(14.3명), 위암(13.9명)의 순이었다. 2012년과 비교할 때 암, 심장질환, 폐렴이 증가하였고(그림 8-1), 암 중에서는 폐암, 대장암, 췌장암이 증가하였다.

암과 심혈관계질환 등의 만성질환은 에너지, 지방, 포화지방, 콜레스테롤, 설탕, 소금, 술 등의 과다한 섭취, 복합 탄수화물, 식이섬유 등의 섭취 부족과 관련이 있는 것으로 알려져 있다. 건강한 상태를 유지하며 중년기를 맞이하려면 지금부터 올바른 식생활과 영양관리가 필수적이다. 여기서는 만성질환을 예방하기 위한 식생활에 관해 살펴보기로 한다.

표 8-1 2021년 한국인의 주요 사망 원인 및 사망률
(인구 10만 명당)

순위	사망원인	사망률
1	악성신생물(암)	162.7
2	심장질환	65.8
3	코로나19	61.0
4	폐렴	52.1
5	뇌혈관 질환	49.6
6	고의적 자해(자살)	25.2
7	알츠하이머병	22.7
8	당뇨병	21.8
9	고혈압성 질환	15.1
10	간 질환	14.7

자료: 국가통계포털(https://kosis.kr).

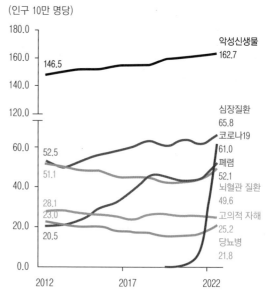

(인구 10만 명당)

그림 8-1 주요 사망원인의 사망률 추이, 2012~2022년
자료: 국가통계포털(https://kosis.kr).

1. 지질과 콜레스테롤이란?

지질(lipid)은 물에 녹지 않고 유기용매에 녹는 물질을 총칭하는 것이다. 식품 중의 지질은 에너지를 제공하며 필수지방산, 지용성 비타민 등을 운반한다. 또 음식에 맛과 향을 제공하며, 포만감을 느끼게 한다. 여기서는 만성질환과 관련이 있는 포화지방, 트랜스지방, 콜레스테롤에 대해 더 자세히 공부하도록 한다.

포화지방산은 육류 등의 동물성 식품에 많이 들어있으며, 상온에서 고체의 형태를 띤다. 불포화지방산은 단일불포화지방산과 다가불포화지방산으로 나누어진다. 식용유 등의 식물성 식품에는 주로 불포화지방산이 많고 상온에서 액체의 형태를 띤다. 생선은 동물성이지만 다가불포화지방산을 많이 함유하여 차가운 바닷속에서도 생선의 기름이 단단히 굳지 않으며, 이를 생선유(fish oil)라고 부른다. 그림 8-2는 여러 종류의 지방과 기름에 함유되어있는 포화지방

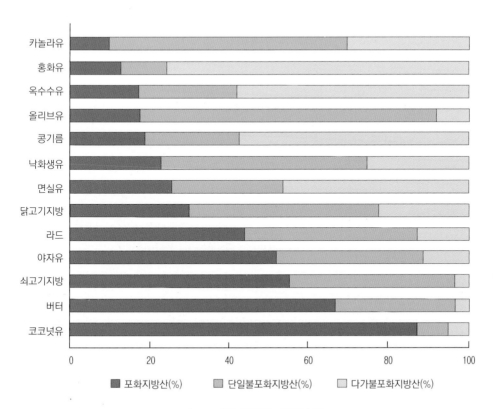

그림 8-2 **식이지방 중의 지방산 조성**

산, 단일불포화지방산, 다가불포화지방산의 백분율을 비교한 것이다.

최근에는 트랜스지방산이라는 새로운 구조의 지방산에 관심이 쏠리고 있다. 천연 불포화지방산은 수소가 이중결합의 같은 쪽에 존재하는 시스(cis) 형태인데, 불포화지방산을 포화지방산으로 바꾸는 가공과정에서 일부 수소가 이중결합의 반대쪽으로 이동하여 트랜스(trans) 형태의 지방산으로 전환된다. 즉, 포화지방산은 직선 모양이며 천연 불포화지방산은 구부러진 모양인데 비해, 트랜스지방산은 불포화지방산임에도 포화지방산처럼 직선 구조를 띤다(그림 2-4 참조).

콜레스테롤은 지질의 한 종류로 뇌 또는 신경세포의 성분이 되며, 체내에서 성호르몬, 부신호르몬, 담즙산 등의 재료가 되는 중요한 물질이다. 체내에 필요한 콜레스테롤은 대부분 간에서 합성되기 때문에 콜레스테롤은 필수영양소가 아니다. 하지만 우리가 섭취하는 식품 중에 콜레스테롤이 함유되어 있으므로 섭취하는 콜레스테롤의 양에 따라 체내에서 합성량이 조절된다. 즉, 많이 섭취하면 체내 합성량이 줄고, 적게 섭취하면 합성량이 많아져서 일정량을 유지하는 것이다. 그런데 이러한 조절이 잘되지 않으면 혈중 콜레스테롤이 상승할 수 있으며, 혈중 콜레스테롤의 농도가 높으면 혈관 내벽에 침착되어 동맥경화를 일으키는 요인이 된다. 심혈관계질환의 주요 위험요인은 혈중 콜레스테롤 농도가 상승하는 것이지, 단순히 콜레스테롤을 많이 먹는 것은 아니다.

기름, 알고 먹자!

올리브유, 카놀라유가 다른 식용유보다 좋을까?
지중해 연안국가의 주민들은 지질을 비교적 많이 섭취하는데도 불구하고 심장질환으로 인한 사망률이 낮다. 이들은 다른 지역 주민보다 올리브유를 많이 섭취하는데, 올리브유는 다른 식물성유보다 단일불포화지방산이 풍부하다. 여러 연구 결과, 단일불포화지방산은 심장질환을 예방하는 데 유익한 역할을 하는 것으로 생각되며, 올리브유 외에 카놀라유도 단일불포화지방산이 풍부하게 들어있다.

순식물성 기름에는 불포화지방산이 많이 들어있을까?
식물성 기름에는 불포화지방산이 많이 들어있어서 산화되기 쉽다. 가공식품에 이러한 식물성 기름을 사용하면 오래 보존하기가 어려워진다. 따라서 과자, 라면 등의 가공식품에 사용되는 식물성 기름은 비교적 포화지방산을 많이 함유한 코코넛유, 야자유 등이거나 식물성 기름을 경화시켜 포화지방산으로 만든 것이다. '순식물성 기름'이라고 해서 모두 불포화지방산을 많이 함유한 것은 아니다.

1) 과도한 지질 섭취와 만성질환

모든 영양소 중에서도 지질은 만성질환과 가장 관련이 깊다고 알려져 있다. 과도한 지질 섭취는 특히 비만, 심장질환, 암 등의 위험성을 높인다.

(1) 지질과 비만

지질은 탄수화물, 단백질과 달리 1 g당 9 kcal의 에너지를 제공하여, 조금만 섭취해도 에너지 섭취가 높아진다. 과도하게 섭취한 에너지는 체지방으로 축적되는데, 섭취한 탄수화물이 체지방으로 전환될 때는 에너지가 소모되지만, 섭취한 지질이 체지방으로 전환될 때는 에너지 소모가 거의 없어 같은 에너지를 섭취해도 탄수화물보다는 지질을 과잉 섭취할 때 더 쉽게 비만이 된다.

(2) 지질, 콜레스테롤과 심혈관계질환

심혈관계질환의 위험요인은 흡연, 고혈압, 혈액 중 콜레스테롤의 농도가 높은 것이다. 따라서 혈중 콜레스테롤의 농도를 일정 수준(200 mg/100 mL) 이하로 유지해야 한다.

콜레스테롤은 체내에서 지질의 대사물질로부터 합성된다. 따라서 지질 섭취량이 많아지면 콜레스테롤 합성량이 증가하기 쉽다. 특히 포화지방산은 체내에서 콜레스테롤의 합성을 촉진하여 혈중 콜레스테롤 농도를 높이고 불포화지방산은 혈중 콜레스테롤 농도를 낮춘다. 이러한 이유로 예전에는 포화지방산이 많은 버터나 라드보다 식물성 기름으로부터 제조한 마가린이나 쇼트닝을 섭취하는 것이 더 좋다고 생각했다. 그러나 1990년대 이후, 트랜스지방이 포화지방산보다 더욱 나쁘다는 연구 결과가 발표되기 시작하고, 트랜스지방의 섭취량이 많아질수록 심혈관계질환의 발병률이 높아지는 것으로 밝혀져, 우리나라에서도 2007년 12월부터 가공식품에 지방과 포화지방 및 트랜스지방의 함량을 표기하게 되었다.

포화지방산은 주로 육류 등의 동물성 식품에 들어있고, 불포화지방산은 대개 식물성 식품과 생선류에 들어있다. 트랜스지방은 마가린과 쇼트닝을 이용한 가공식품에 많이 들어있으므로, 혈중 콜레스테롤 농도를 낮추려면 과도한 지질 섭취를 피하고 동물성 지방보다는 식물성 지방을 먹는 것이 좋다. 또 육류보다는 생선을 섭취하는 것이 나으며, 쇼트닝으로 튀긴 식품 등을 적게 섭취해야 한다.

(3) 지질과 암

과도한 지질 섭취는 대장암, 전립샘암, 유방암 등의 발생 위험성을 높인다.

어유 보충제는 심장질환을 예방할까?

일주일에 생선을 2회 이상 섭취하면 심장질환 및 뇌졸중 등을 예방할 수 있다. 생선 중에 풍부하게 들어있는 다가불포화지방산인 오메가-3계 지방산 덕분이다. 그러나 어유(fish oil) 보충제를 정기적으로 먹으면 출혈이 증가하고, 위장관계에도 좋지 않은 영향을 주며, 지용성 비타민인 비타민 A와 비타민 D를 과잉 섭취하게 되어 독성이 나타날 수도 있으므로 이러한 어유 보충제보다는 생선을 많이 섭취하는 것이 바람직하다.

---

2) 지질이 들어있는 식품들

우리가 섭취하는 지질은 주로 육류, 닭고기의 껍질 부위, 조리 시 사용하는 기름, 버터, 마요네즈, 견과류(땅콩, 호두, 잣 등), 우유 등에 들어있다. 표 8-2에는 주요 식품 중의 총 지방과 포화지방산 함량이 나타나 있다. 표 8-3은 식품의약품안전처에서 2005년과 2010년 국내에서 유통되는 일부 식품 중의 트랜스지방 함량을 분석한 결과이다. 2005년 이후 트랜스지방을 줄이고자 저감화정책을 추진한 결과 2010년에는 마가린, 도넛 등의 트랜스지방 함량이 낮아졌으며, 그림 8-3과 같이 과자류의 트랜스지방은 1회 제공량당 0.1 g 미만으로 감소되었다.

콜레스테롤은 곡류, 콩류, 과일, 채소 등의 식물성 식품에는 들어있지 않고 달걀, 육류, 내장, 닭고기, 생선, 유제품 등 동물성 식품에만 들어있다. 주요 식품 중 콜레스테롤 함량은 표 8-4와 같다.

표 8-2 식품 중의 총 지방과 포화지방산 함량

식품군	식품명	1회 분량		지방 (g)	포화지방산 (g)
		목측량	중량(g)		
어육류	돼지고기(삼겹살)	작은 1접시	60	23	9.3
	고등어	1토막	70	12	2.8
	쇠고기(갈비)	작은 1접시	60	11	3.9
	돼지고기(등심)	작은 1접시	60	10	6.0
	닭고기(다리)	작은 1접시	60	9	2.3
난류	달걀	1개	50	16	4.4
유제품	아이스크림	1/2컵	100	14	7.7
	우유	1컵	200	6	4.3
	치즈	슬라이스 1장	20	5	3.2
견과류	땅콩	15알	10	5	0.9
유지류	라드	1작은술	5	5	5.0
	코코넛유	1작은술	5	5	4.2
	쇼트닝	1작은술	5	5	1.7
	콩기름	1작은술	5	5	0.7
	올리브유	1작은술	5	5	0.6
	버터	1작은술	5	4	2.6
	마가린	1작은술	5	4	1.1
	마요네즈	1작은술	5	4	0.4
기타	초코케이크	1조각	100	30	4.8
	햄버거	1개	200	20	9.2
	피자	1조각	150	18	7.0
	도넛	1개	80	18	4.8
	프라이드치킨	다리 1개	100	17	4.8
	프렌치프라이	20개	100	17	4.4
	라면	1봉지	100	14	7.6
	핫도그	1개	70	10	3.6
	팝콘	1접시	30	9	2.0
	스낵(새우맛)	1/3봉지	30	7	0.7
	소시지	프랑크 1개	30	7	2.6
	초콜릿	2/3개	10	4	2.0

표 8-3 **식품 중의 트랜스지방 함량**

식품군	식품명	1회 분량		트랜스지방	
		목측량	중량(g)	2005년	2010년
유지류	마가린	1작은술	5	0.72	0.02
	식용유	1작은술	5	0.05	0.04
과자류	전자레인지용 팝콘	1접시	30	3.3	-
	비스킷	1봉	30	0.48	-
	초콜릿	2/3개	10	0.21	-
	스낵	작은 1봉	30	0.15	-
	팝콘	1접시	30	0.03	-
제빵류	도넛	1개	80	3.76	0.06
	케이크류	1조각	100	2.5	-
	빵류	1개	100	0.6	-
패스트푸드류	튀김용 냉동감자	20개	100	3.5	-
	감자튀김	20개	100	2	-
	햄버거	1개	200	0.8	0.24
	피자	1조각	150	0.6	-
	프라이드치킨	다리 1개	100	0.2	0.20

g/1회 제공기준량(30 g)

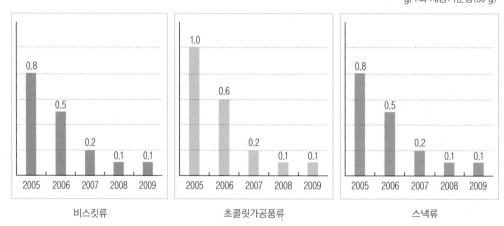

그림 8-3 **국내 과자류의 트랜스지방 저감화 추이**

자료: 식품의약품안전처(2009).

표 8-4 **식품 중의 콜레스테롤 함량**

식품군	식품명	1회 분량		콜레스테롤(mg)
		목측량	중량(g)	
육류	닭고기(다리)	작은 1접시	60	56
	돼지고기(삼겹살)	작은 1접시	60	38
	돼지고기(등심)	작은 1접시	60	33
	쇠고기(갈비)	작은 1접시	60	33
난류	달걀	1개	50	165
어패류	고등어	1토막	70	47
	새우	중하 5마리	50	19
	오징어	1/5마리	50	10
	굴	작은 1접시	80	10
유제품	아이스크림	1개	100	32
	우유	1컵	200	22
	치즈	슬라이스 1장	20	16
유지류	마요네즈	1작은술	5	11
	버터	1작은술	5	10
	마가린	1작은술	5	0
	콩기름	1작은술	5	0
기타	도넛	1개	80	88
	프라이드치킨	다리 1개	100	83
	피자	1조각	150	39
	햄버거	1개	200	30
	핫도그	1개	70	25
	소시지	프랑크 1개	30	18
	햄	1조각	30	15
	어묵(어육소시지)	핫바 1개	30	6

3) 지질의 적정 섭취량

한국인 영양소 섭취기준에서 권장하는 지질의 에너지적정비율은, 19세 이상의 성인의 경우 총 에너지 섭취량의 15~30%이다. 19~29세의 에너지필요추정량은 남성 2,600 kcal, 여성 2,000 kcal로 남성의 경우 43~87 g, 여성의 경우 33~67 g 정도의 지질을 섭취하면 적당하다.

한국인의 지질 섭취량은 점차 증가하는 추세로, 2021년의 국민건강영양조사 결과 평균 51.1 g, 총 에너지 섭취량의 24.7%를 지질로 섭취하였다. 지질의 주요 급원식품은 돼지고기, 쇠고기, 콩기름, 달걀, 우유 순이었다. 트랜스지방의 경우 심혈관계질환 예방을 위해 섭취 에너지의 1% 미만(약 2.2 g), 콜레스테롤의 경우에는 하루 300 mg 이하를 섭취하는 것이 권고된다. 2021년 국민건강영양조사 결과에 따르면 콜레스테롤의 주요 급원식품은 돼지고기, 닭고기, 쇠고기, 오징어 순이었다.

4) 지질 섭취량을 줄이는 방법

채소, 과일, 전곡류(현미, 통밀 등), 기름기 없는 살코기, 저지방 우유 등 비교적 지방이 적은 식품을 선택하는 것이 좋다. 조리과정에서도 기름의 사용은 가능한 한 줄인다.

(1) 식품 선택 시 유의할 점
- 지방이 섞인 육류를 가공한 제품, 즉 베이컨, 소시지, 햄 등의 섭취량을 줄인다.
- 전지우유 대신 저지방우유를 마시고, 조리 시에도 저지방우유를 이용한다.
- 아이스크림 대신 얼린 저지방 요구르트를 선택한다.
- 감자칩 대신 달지 않은 비스킷을 선택한다.
- 버터, 쇼트닝, 마가린, 크리머, 초콜릿 등에는 포화지방이 많다.
- 지방 함량이 많은 페이스트리, 크루아상, 도넛, 머핀 등을 적게 섭취한다.
- 영양표시에서 지방, 포화지방, 트랜스지방의 함량을 비교한 후 구입한다.
- 식품표시의 원재료명에 정제가공유지, 쇼트닝(대두), 마가린(대두) 등 부분경화유가 적혀 있는 가공식품은 섭취량을 줄인다.

(2) 조리하거나 음식을 먹을 때 유의할 점
- 육류를 조리할 때는 눈에 보이는 지방을 떼어낸다. 먹을 때도 살코기만 먹는다.
- 닭, 오리 등은 조리 전에 껍질과 지방을 제거한다.
- 고깃국은 냉장고에서 차게 하여 기름을 걷어낸 후 먹는다.
- 쇼트닝이나 라드보다 식물성 기름을 사용한다.

- 토스트, 볶음밥 등을 조리할 때 마가린의 사용을 줄인다.
- 마요네즈 등 지방이 많은 소스보다는 간장, 식초 등의 소스를 이용한다.
- 지방 함량을 줄일 수 있는 조리방법을 이용한다. 튀기는 대신에 굽거나 찐다.
- 튀김을 할 때는 튀김에 최소한의 기름이 흡수되도록 한다. 부피를 크게 하고, 튀김옷을 얇게 묻히고, 깨끗한 기름을 사용하며, 튀긴 후에는 여분의 기름을 빨리 제거한다.

2. 식이섬유란?

식이섬유(dietary fiber)란 체내에서 소화되지 않고 남는 물질(대부분 탄수화물)로 주로 식물 세포의 구조를 이루는 성분이다. 식이섬유는 체내로 흡수되지 않으므로 에너지를 제공하지는 못하나, 건강과 관련된 여러 가지 중요한 역할을 한다.

1) 식이섬유와 건강

식이섬유는 물에 녹는 정도에 따라 가용성과 불용성으로 분류되며, 각각의 역할이 약간 다르다. 불용성 식이섬유는 셀룰로오스, 리그닌 등으로 통밀, 곡류 껍질, 채소나 과일의 껍질, 종실류 등에 많이 들어있다. 물에 녹지 않고 팽윤되므로 섭취한 음식물 부피를 크게 하여 배변량을 증가시켜 변비를 예방해주어 치질, 대장염, 대장암 등의 발생 위험성을 줄일 수 있다. 불용성 식이섬유는 발암물질, 잔류 농약 등의 해로운 물질과 결합하여 이를 배설시킴으로써 암을 예방해주기도 한다.

가용성 식이섬유는 펙틴, 검 등으로 보리, 콩, 완두, 감자, 과일류, 해조류 등에 많이 들어있다. 이는 물을 흡수하여 변을 부드럽게 해주고, 위장에서 음식물이 천천히 이동하게 하여 음식의 소화 및 흡수를 지연시킨다. 이에 따라 식후 혈당의 상승을 늦추어 당뇨 환자의 혈당 조절에 도움을 준다. 또 발암물질과 결합하여 이를 배설시켜주어 대장암을 예방해주는 효과가 있으며, 담즙과 결합하고 배설을 촉진시켜 혈중 콜레스테롤을 낮추어주는 효과도 있다. 식이

표 8-5 **식이섬유의 종류와 주요 기능**

분류	종류	급원식품	기능
불용성 식이섬유 (물에 녹지 않음)	셀룰로오스 헤미셀룰로오스	채소류 곡류, 밀, 현미, 보리	변의 양 증가 변비, 치질 감소 대장암, 직장암 예방
가용성 식이섬유 (물에 녹음)	펙틴 검	과일류, 콩, 해조류 섬유음료	만복감 포도당 흡수 저하 혈청콜레스테롤 저하

섬유가 풍부한 식품을 많이 먹는 사람들은, 그렇지 않은 사람들보다 혈중 콜레스테롤 농도가 낮고 심장질환, 암(특히 대장암, 유방암), 당뇨병 등의 발생 위험성이 낮은 것으로 알려져 있다.

2) 식이섬유가 들어있는 식품들

식이섬유가 풍부한 콩류, 과일류, 채소류 등에는 대체로 동물성 지방, 콜레스테롤 등의 함유량이 적지만 포만감을 준다. 육류, 달걀, 우유 등에는 식이섬유가 없으며 식품을 많이 가공할수록 식이섬유의 양은 줄어든다. 그러나 식품을 썰거나, 으깨거나, 가열하는 등의 조리과정에 의해서는 식이섬유의 함량에 변화가 생기지 않는다. 주요 식품 중의 식이섬유 함량은 표 8-6에 제시하였다.

3) 식이섬유의 적정 섭취량

한국인 영양소 섭취기준에서는 섭취 에너지 1,000 kcal당 식이섬유를 12 g 정도 섭취하는 것을 권장하며, 19~29세의 식이섬유 충분섭취량은 각각 30 g, 20 g이다. 2021년 국민건강영양조사 결과에서 추산한 한국인의 평균 식이섬유 섭취량은 22.8 g이었다.

식이섬유는 건강에 유익한 면이 많지만 다른 영양소와 마찬가지로 너무 많이 섭취하면 좋지 않다. 식이섬유는 물을 체외로 배출시키며, 철 등의 미량영양소와 결합하여 흡수를 방해한다. 또 식사의 부피를 늘려 식사를 적게 하도록 유도하므로 에너지 및 영양소의 섭취가 부족해질 수 있다. 따라서 성장기 어린이, 노인, 영양불량인 사람들은 식이섬유를 지나치게 섭취하지 않

표 8-6 **식품 중의 식이섬유 함량**

식품군	식품명	1회 분량		총 식이섬유 (g)	불용성 식이섬유(g)	수용성 식이섬유(g)
		목측량	중량(g)			
곡류	보리	1/3공기	90	10.08	3.87	6.21
	식빵	2쪽	100	3.45	1.50	1.95
	라면	1봉지	100	3.09	2.50	0.59
	현미밥	1공기	90	2.96	2.70	0.26
	국수	1대접	100	2.64	1.80	0.84
	백미밥	1공기	90	1.36	0.72	0.64
감자류	고구마	중 1/2개	90	3.38	2.16	1.22
	감자	중 1개	130	1.85	1.69	0.16
콩류	대두	50개	20	3.34	2.90	0.44
채소류	취나물	1접시	70	4.06	3.43	0.63
	시금치	1접시	70	2.27	1.61	0.66
	콩나물	1접시	70	1.79	1.19	0.60
	양배추	1접시	70	1.53	1.40	0.13
	상추	1접시	70	1.28	1.12	0.16
	배추김치	1접시	40	1.19	1.12	0.07
	무	1접시	70	1.04	0.91	0.13
	오이	1접시	70	1.02	0.77	0.25
	느타리버섯	1접시	30	0.51	0.42	0.09
과일류	딸기	10개	200	3.64	3.00	0.64
	사과	1/2개	100	1.40	1.30	0.10
	토마토	1개	100	1.34	0.80	0.54
	귤	1개	100	1.12	1.00	0.12
해조류	미역(말린 것)	1Tbsp	2	0.87	0.73	0.14
	김	1장	2	0.67	0.66	0.01
기타	기능성음료(식이섬유)	1병	100	2.50	0.00	2.50

아야 하며, 특히 식이섬유를 강화한 기능성식품을 과잉 섭취하지 않도록 주의해야 한다.

4) 식이섬유의 섭취량을 늘리는 방법

- 쌀밥보다는 잡곡밥, 콩밥 등을 먹는다.
- 국이나 찌개에 들어있는 건더기를 남기지 않는다.
- 식사마다 김치를 포함하여 3가지 이상의 채소 반찬을 먹는다.
- 콩류 섭취량을 늘린다.
- 미역, 김, 다시마, 파래 등 해조류를 하루 1회 정도 먹는다.
- 간식으로 가공음식보다 고구마, 옥수수, 과일, 견과류 등을 먹는다.
- 녹즙은 섬유소가 많이 제거된 상태이므로, 생채소를 그대로 먹는다.

식이섬유 섭취량 증가 시 유의점
식이섬유를 갑자기 많이 섭취하면 설사, 가스, 팽만감 등을 느끼게 된다. 장내 세균이 식이섬유를 먹이로 삼아 가스를 만들기 때문이다. 따라서 식이섬유의 섭취량을 서서히 증가시켜야 한다. 이때 물을 함께 섭취하지 않으면 오히려 변비를 일으킬 수도 있기 때문에, 충분한 양의 물을 마시도록 한다.

1. 본문의 표 8-2, 8-4, 8-6을 이용하여 아래 식단의 총 지방, 콜레스테롤, 식이섬유 함량을 계산해보자.

구분	A	B	C
식단	보리밥 1공기, 미역국 1대접, 배추김치 1접시, 고등어구이 1토막, 시금치나물 1접시	라면 1대접, 달걀 1개, 배추김치 1접시	햄버거 1개, 프렌치프라이 1봉, 콜라 1컵
총 지방 함량(g)			
콜레스테롤 함량(mg)			
식이섬유 함량(g)			

2. 자신이 좋아하는 과자, 라면의 포장지를 찾아 성분 또는 주 원료명에 쓰여있는 지질의 종류와 그 특성을 알아보자.

3. 식이섬유의 섭취량을 늘리기 위해 어떠한 식품을 선택해야 할지 생각해보자.

09

당류, 나트륨과 건강

1. 당류란?

탄수화물은 우리 식사에서 에너지를 제공하는 주요 급원으로, 우리는 하루 섭취 에너지의 약 55~65%를 탄수화물로부터 얻는다. 탄수화물 중에서 단맛을 가진 단당류와 이당류를 단순당(simple sugars) 또는 당류(sugars)라고 한다.

당류에는 포도당, 과당, 갈락토오스(galactose), 설탕, 맥아당, 유당 등이 있다. 과일이나 우유 등에 존재하는 천연당인 포도당, 과당, 갈락토오스 등은 식품 중의 다른 영양소와 함께 섭취하게 되므로 나쁘다고는 할 수 없으나, 식품의 제조과정이나 조리 중에 첨가되는 설탕, 액상과당, 맥아시럽, 물엿 등의 첨가당(added sugars)은 다른 영양소 없이 단맛만을 제공하므로 적게 섭취하는 편이 좋다.

첨가당은 칼로리만을 제공하는 대표적인 '빈 열량식품(empty calorie food)'으로 체내에서 재빨리 흡수된다. 따라서 이를 피곤할 때 섭취하면 바로 에너지를 내므로 피로감을 해소해주는 것처럼 느껴지지만, 많이 섭취하면 포만감을 느끼지 않고 섭취 에너지가 매우 많아지기 쉽다. 따라서 같은 에너지를 섭취하더라도 상대적으로 영양가가 높은 식품을 적게 먹는 셈이므로 바람직하지 못하다고 할 수 있다.

1) 당류와 관련된 질환

(1) 충치
구강 내 박테리아는 탄수화물, 그중에서도 설탕을 가장 좋아하여 이를 먹이로 삼아 산을 생성한다. 충치는 산에 의해 치아가 부식되는 것으로, 충치가 생기는 것은 식품의 성분뿐만 아니라 음식이 입안에 얼마나 오래 머무르느냐에도 영향을 받는다. 따라서 설탕이 들어있는 식품 중에서도 끈적끈적한 초콜릿이나 캐러멜, 설탕이 함유된 음료를 조금씩 천천히 먹는 것은 매우 좋지 않다. 이들을 먹은 후에는 빨리 양치질을 하는 것이 바람직하다.

(2) 심장질환
설탕을 과잉 섭취하면 중성지방으로 전환되어 혈중 중성지방 농도가 높아진다고 알려져 있다.

혈중 중성지방 농도가 높으면 심장질환의 위험성도 높아진다. 동물실험에서도 쥐에게 탄수화물 급원으로 설탕만을 제공하면, 동맥에 손상이 생기고, 혈중 중성지방과 콜레스테롤이 증가한다. 따라서 설탕은 과잉 섭취하지 않아야 한다.

(3) 비만
당류 섭취가 비만을 일으키는 직접적인 원인은 아니지만, 이를 많이 먹을수록 영양가가 높은 식품은 적게 먹는 셈이 되며, 섭취 에너지가 많아져서 비만이 될 수 있다. 또 첨가당이 많이 들어있는 식품인 케이크, 과자, 파이, 초콜릿, 아이스크림 등에는 지방도 많이 들어있어 에너지가 높다.

(4) 당뇨병
당류를 과잉 섭취하면 비만이 될 위험성이 높고, 비만이 되면 당뇨병에 걸릴 위험성이 높아진다. 또 당이 첨가된 음료를 많이 섭취할 경우에도 당뇨병 발생 위험성이 높아진다.

(5) 대사증후군
당이 첨가된 음료를 많이 섭취하면 대사증후군의 발생 위험성이 높아진다.

2) 식품 중 당류의 함량

설탕은 사탕무나 사탕수수 이외의 자연식품에는 거의 들어있지 않으며, 식품을 조리하거나 가공할 때 첨가된다. 설탕 1작은술은 4 g으로 약 16 kcal의 에너지를 제공한다. 주요 식품 중에 있는 당류의 양은 표 9-1에 제시하였다.

3) 당류의 적정 섭취량

한국인 영양소 섭취기준에서는 총 당류의 섭취기준을 총 에너지 섭취량의 10~20%로 제한하고, 식품의 조리 및 가공 시 첨가되는 첨가당의 섭취량이 총 에너지 섭취량의 10% 이내가

표 9-1 주요 식품 중의 설탕의 양

식품군	식품명	1회 분량		당류(g)	비고
		목측량	중량(g)		
음료	콜라	1캔	250 mL	24	6작은술
	가당 과일주스	1/2컵	100 mL	8	2작은술
	맥스웰 커피믹스	1봉	12 g	6.2	1½작은술
	코코아 분말	1큰술	12 g	5	1¼작은술
시리얼	코코볼	2/3컵	30 g	9	2¼작은술
	스위트 플레이크	2/3컵	30 g	7.3	1¾작은술
	콘플레이크	2/3컵	30 g	2	1/2작은술
케이크류	초콜릿케이크	1조각	120 g	24	6작은술
	파운드케이크	1조각	120 g	20	5작은술
당류	사탕	5개	25 g	24	6작은술
	캐러멜	6개	24 g	17	4¼작은술
	초콜릿	1개	30 g	16	4작은술
	딸기잼	1큰술	20 g	16	4작은술
기타	아이스크림	1/2컵	100 g	14	3½작은술
	황도 통조림	1/2컵	100 g	12	3작은술
	케첩	1큰술	18 g	4	1작은술

※ 1작은술 = 설탕 4 g(1찻술 = 설탕 3 g)

되도록 섭취할 것을 권고한다. 그러나 2018년 국민건강영양조사를 분석한 결과, 19~29세의 38.4%가 총 에너지 섭취량의 10% 이상을 가공식품에 들어있는 첨가당으로부터 섭취하는 것으로 나타났다. 첨가당은 음료류, 그중에서도 탄산음료에서 가장 많이 섭취하였다. 19~29세의 에너지필요추정량은 남성의 경우 2,600 kcal, 여성의 경우에는 2,000 kcal로 하루 첨가당 섭취량을 각각 65 g, 50 g 내로 제한하는 것이 좋다.

4) 당류의 섭취를 줄이는 방법

(1) 식품 선택 시 유의할 점
• 당류 함량이 많은 시리얼, 과자, 음료, 케이크, 아이스크림, 사탕 등의 섭취량을 줄인다.
• 간식으로 설탕이 많은 과자류보다 과일, 우유 등을 먹는다.

- 과일은 가능하면 자연식품 그대로 섭취한다.
- 통조림 과일을 선택할 때는 진한 시럽에 들어있는 것보다는 주스에 들어있는 것을 선택한다.
- 탄산음료, 과채음료 등 당을 첨가한 음료 대신 물을 마신다.
- 과일맛 우유나 요구르트(호상, 액상) 등 당이 첨가된 우유·유제품보다는 흰 우유나 당이 적은 플레인 요구르트를 선택한다.
- 커피 전문점에서는 당이 적게 들어있는 음료를 선택한다.

(2) 조리하거나 음식을 먹을 때 유의할 점
- 조리할 때 당을 많이 넣지 않는다.
- 조리할 때 당 대신 단맛을 내는 양파, 파프리카, 사과, 배 등 다른 식재료를 이용한다.
- 차를 마실 때는 설탕을 적게 넣는다.
- 음식을 먹을 때 설탕이나 꿀, 시럽 등을 찍어 먹지 않는다.

5) 대체감미료

당류 섭취량을 줄이기 위한 또 다른 방법으로, 설탕 대신 단맛을 내는 대체감미료(alternative sweeteners)를 사용할 수 있다. 대체감미료는 천연에 존재하는 천연감미료와 인공적으로 합성된 인공감미료(artificial sweeteners)로 나눌 수 있다.

천연 대체감미료에는 당알코올과 스테비아가 있다. 당알코올은 단맛을 내지만 구강 내 박테리아가 이를 이용하기 어려워 충치가 발생할 확률이 설탕보다 낮다. 따라서 자일리톨, 소르비톨 등의 당알코올은 무설탕 껌을 만드는 데 많이 사용된다. 단, 당알코올은 체내에서 설탕과 비슷한 에너지를 내므로(3~4 kcal/g), 무설탕 껌이라고 해도 에너지를 제공한다.

인공감미료에는 사카린, 아스파탐 등이 있다. 이들은 단맛이 설탕의 100배 이상으로, 충치에 영향을 주지 않으며 체내에서 에너지를 내지 않는다는 장점이 있다. 이들은 인공적으로 합성된 것으로 과량 섭취에 대한 안전성에 의문이 생기기는 하지만, 매우 소량을 비만인 사람이나 당뇨 환자, 다이어트를 하는 사람이 사용할 수 있다.

2. 소금이란?

소금은 나트륨(Na)과 염소(Cl)로 이루어진 염화나트륨(NaCl)으로, 소금의 40%가 나트륨으로 구성되어있다. 나트륨과 염소는 세포외액의 주요 양이온과 음이온으로, 세포 내외의 수분 평형과 산염기 평형을 조절하는 역할을 하는 중요한 무기질이다.

나트륨은 소장에서 탄수화물과 아미노산이 흡수될 때도 필요하고, 근육의 수축과 신경 자극 전달에도 필요하다. 나트륨은 매우 중요한 영양소이지만 대부분 필요한 양보다 훨씬 많은 양을 섭취하고 있다. 나트륨 과잉 섭취는 건강에 여러 가지 나쁜 영향을 미칠 수 있으므로 섭취량을 줄이고 싱겁게 먹는 식습관을 가져야 한다.

1) 나트륨과 관련된 질환

(1) 고혈압

고혈압은 뇌졸중, 심장질환, 신장질환 등의 위험요인이므로 고혈압이 되지 않도록 주의하는 것이 중요하다. 나트륨 섭취량이 증가하면 고혈압이 유발될 수도 있기 때문에 나트륨은 과잉 섭

심뇌혈관질환 예방관리 수칙

1. 담배는 반드시 끊는다.
2. 술은 하루에 1~2잔 이하로 줄인다.
3. 음식은 싱겁게 골고루 먹고, 채소와 생선을 충분히 섭취한다.
4. 가능한 한 매일 30분 이상 적절한 운동을 한다.
5. 적정체중과 허리둘레를 유지한다.
6. 스트레스를 줄이고, 즐거운 마음으로 생활한다.
7. 정기적으로 혈압, 혈당, 콜레스테롤을 측정한다.
8. 고혈압, 당뇨병, 이상지질혈증(고지혈증)을 꾸준히 치료한다.
9. 뇌졸중, 심근경색증의 응급증상을 숙지하고 발생 즉시 병원에 간다.

자료: 보건복지부, 질병관리본부(2012).

가공식품의 나트륨 함량

가공식품에 첨가되는 나트륨의 약 90%는 소금 형태이다. 소금은 식품의 풍미를 증진시키고, 조직을 변화시키며, 식품 중에 있는 미생물의 성장을 조절하여 식품을 오랫동안 보존할 수 있게 하므로 식품 가공 시 첨가하게 된다. 예를 들어, 빵을 구울 때 첨가하는 소금은 빵 반죽에 점성과 탄력성을 증가시키고, 발효속도를 조절해주어 빵의 조직과 풍미에 영향을 준다. 또 어떤 발효과정에서는 소금을 넣어 소금에 강한 미생물만을 성장시켜 원하는 제품을 만들 수도 있다. 이와 같이 가공식품에는 소금이 첨가되며, 소금의 형태외에도 맛, 보존성, 발색 등을 위해 넣는 첨가제의 대부분이 나트륨을 함유하고 있다. 따라서 가공식품에는 자연식품보다 훨씬 많은 양의 나트륨이 들어가게 된다.

취를 피해야 한다. 연구 결과에 의하면 나트륨 섭취량에 민감해서 고혈압이 되는 사람이 있는가 하면, 그렇지 않은 사람도 있다고 한다. 그러나 우리는 자신이 어떠한 유형인지 잘 모르기 때문에 나트륨 섭취량을 줄이는 것이 안전하다. 또 가족력이 있다면 고혈압이 발생할 가능성이 높으므로 특히 주의하도록 한다. 나트륨 섭취량을 줄이면 혈압을 조금 낮출 수 있으며, 혈압이 조금만 낮아져도 심장질환으로 인한 사망률이 많이 낮아진다.

(2) 위암

나트륨은 위 점막을 자극하여 위염을 일으키고, 만성위염은 위암 발생 확률을 증가시킨다.

(3) 골다공증

과잉의 나트륨은 칼슘의 배설을 촉진시키므로 골다공증의 발생 위험성을 높인다.

2) 나트륨이 들어있는 식품들

식품 중의 나트륨은 자연 식품, 특히 채소류, 과일류, 콩류, 곡류 등에는 매우 적게 들어있고 육류, 생선류, 달걀, 우유, 조개류 등의 순으로 함량이 증가한다. 또 햄·치즈·라면 등의 가공식품, 김치, 젓갈 등의 염장식품에 첨가된 나트륨은 그 함량이 매우 높다. 여러 가지 양념, 즉 불고기소스나 토마토케첩, 다시다 등에도 많은 양의 나트륨이 함유되어있다. 나트륨은 소금

저나트륨과 무나트륨

간혹 시판되는 제품 포장지에 '저나트륨' 또는 '무나트륨'이라는 용어가 쓰여있는 것을 볼 수 있다. '저나트륨'은 식품 100 g당 나트륨이 120 mg 미만일 때 표시하고, '무나트륨'은 식품 100 g당 나트륨이 5 mg 미만일 때 표시한다.

표 9-2 **식품 중의 나트륨 함량**

| 식품군 | 식품명 | 1회 분량 | | 나트륨(mg) |
		목측량	중량(g)	
매우 적은 식품 (< 50 mg/1회 분량)	오이	1접시	70	4
	감자	1개(대)	140	4
	쌀밥, 백미	1공기	210	6
	배추	1접시	70	6
	사과	1/2개(중)	100	16
	식빵	1조각	35	23
	닭고기, 가슴살	1접시	60	25
	돼지고기, 안심	1접시	60	29
	고등어	1토막	60	45
적은 식품 (50~250 mg/1회 분량)	우유	1컵	200	80
	달걀	1개	60	81
	멸치(말린 것)	1접시	15	130
	오징어	1/3마리	80	145
	소시지	1접시	30	197
	시리얼	1공기	30	198
	어묵, 튀김	1접시	30	225
	가공치즈	슬라이스 1장	20	227
	배추김치	1접시	40	250
중간 정도 (250~500 mg/1회 분량)	냉동 고기만두	4개	100	272
	새우과자	1봉	90	366
	김치만두(냉동)	4개	100	415
	단무지	1접시	40	448
많은 식품 (> 500 mg/1회 분량)	된장	1큰술	15	562
	식빵, 토스트	2~3조각	100	592
	카레(레토르트)	1봉	200	914
	소금	1작은술	3	1,008
	라면	1봉	120	1,730
	국수, 건면	1대접	90	1,977

자료: 농촌진흥청(2011).

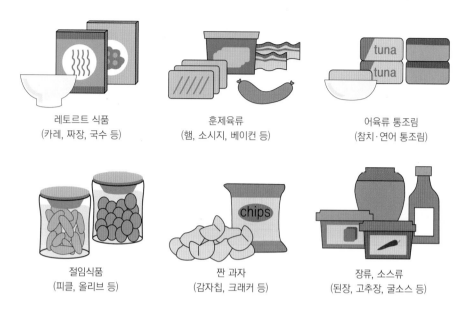

그림 9-1 나트륨이 많이 들어간 가공식품

레토르트 식품
(카레, 짜장, 국수 등)

훈제육류
(햄, 소시지, 베이컨 등)

어육류 통조림
(참치·연어 통조림)

절임식품
(피클, 올리브 등)

짠 과자
(감자칩, 크래커 등)

장류, 소스류
(된장, 고추장, 굴소스 등)

(NaCl) 무게의 40%를 차지하므로, 맛을 위해 첨가하는 소금도 나트륨 섭취량에 큰 영향을 미친다.

3) 나트륨의 적정 섭취량

2020년 한국인 영양소 섭취기준에서는 건강한 성인의 나트륨 충분섭취량을 1,500 mg으로, '만성질환위험감소섭취량'을 2,300 mg으로 설정하였다. 만성질환위험감소섭취량이란 만성질환의 위험을 감소시킬 수 있는 최저 수준의 섭취량으로, 그보다 많이 섭취할 경우 섭취량을 줄이면 만성질환의 위험을 감소시킬 수 있다는 의미이다.

2021년 국민건강영양조사 결과에 의하면 19세 이상의 평균 나트륨 섭취량은 충분섭취량의 2배가 넘는 3,254 mg이었다. 이처럼 나트륨은 필요량과 섭취량 사이에 큰 차이가 나기 때문에, 가능하면 섭취를 줄이려고 노력해야 할 것이다. 나트륨의 주요 급원식품은 소금, 간장, 배추김치, 된장, 고추장, 국수의 순이었다. 또 2018년 국민건강영양조사 결과로부터 나트륨 주요 급원 음식군을 분석한 결과에 의하면 면 및 만두류, 김치류, 국 및 탕류, 찌개 및 전골류가 1일 나트륨 섭취량의 약 50%를 차지하였다.

4) 나트륨 섭취량을 줄이는 방법

(1) 식품 선택 시 유의할 점

- 가공식품을 덜 먹는다.
- 채소나 과일을 구입할 때 가능하면 가공하지 않은 신선한 것을 선택한다.
- 감자칩, 과자 등을 선택할 때 같은 제품 중 저염제품이 있다면 그것을 선택한다.
- 모든 식품을 선택할 때 영양표시가 있는지 살펴보고, 있다면 비슷한 제품의 나트륨량을 비교하여 구입한다.

(2) 조리하거나 음식을 먹을 때 유의할 점

- 음식을 만들 때 소금, 화학조미료를 많이 사용하지 않는다.
- 김치는 되도록 싱겁게 만들어 먹는다.
- 조리할 때 소금이나 간장의 양을 줄이고 허브나 마늘, 레몬즙, 겨자, 향료 등의 향신료를 이용한다.
- 음식을 먹을 때 소금을 더 넣지 않는다.

표 9-3 **나트륨 함량이 높은 외식 메뉴**

음식명	1인분 중량(g)	나트륨(mg)
짬뽕	1,000	4,000
우동	1,000	3,396
간장게장	250	3,221
쇠고기육개장	700	2,853
간짜장	650	2,716
부대찌개	600	2,664
감자탕	900	2,631
물냉면	800	2,618
동태찌개	800	2,576
김치라면	650	2,532

자료: 식품의약품안전처 외식영양정보 자료집(2012~2013).

- 국물에는 나트륨이 많으므로 적게 먹는다(표 9-3).
- 간장, 고추장, 토마토케첩 등의 소스를 찍을 때는 되도록 적은 양만 먹는다.
- 젓갈류는 다른 부재료와 섞어 먹는다.
- 외식을 하는 횟수를 줄이고, 외식 시 음식을 주문할 때 싱겁게 해달라고 요청한다.

나트륨 섭취 자가 진단

다음 질문을 읽어보고 해당되는 것의 개수를 체크하여 확인해보자.

문항	예	아니오
1. 건어물이나 생선 자반 같은 것을 좋아한다.		
2. 명란젓과 같은 젓갈류가 식탁에 없으면 섭섭하다.		
3. 별미밥이나 덮밥 종류를 좋아한다.		
4. 국이나 국수 종류의 국물을 남김없이 먹는다.		
5. 라면, 통조림류, 햄 등 가공식품을 즐겨 먹는 편이다.		
6. 외식을 자주(주 2~3회) 하거나, 자주(주 2~3회) 배달시켜 먹는다.		
7. 김치류를 많이 먹는 편이다.		
8. 튀김이나 전, 생선회 등에 간장을 듬뿍(잠길 정도) 찍어 먹는다.		
9. 반찬은 간이 제대로 되어야(약간 짜야) 한다고 생각한다.		
10. 채소요리 시 마요네즈나 드레싱보다 간장소스를 주로 사용한다.		

※ 1~4개: 저염섭취군 / 5개 이상: 고염섭취군(위험군)

자료: 싱겁게먹기센터 홈페이지.

1. 오늘 점심식사 후 다음과 같이 간식을 먹었다. 표 9-1을 이용하여 섭취한 당류의 양을 계산하고, 하루 적정 섭취량과 비교해보자.

> 파운드케이크 1조각, 콜라 1캔, 아이스크림 1컵

2. 좋아하는 음료의 영양표시를 찾아 당류가 얼마나 들어있는지 확인해보고, 하루에 음료를 통해 당류를 어느 정도 섭취하고 있는지 계산해보자.

3. 점심에 다음과 같은 음식을 먹었다. 본문의 표 9-2를 이용하여 섭취한 나트륨의 양을 계산한 후 목표섭취량과 비교해보자.

> 라면 1대접, 달걀 1개, 김치 1접시

memo

living topics

**DIET
for
YOU**

PART 4
건강한 식생활 정보

10 건강한 우리 음식

11 안전한 식탁

12 다양한 먹거리 정보

10

건강한 우리 음식

요즈음에는 누구나 패스트푸드를 즐긴다. 그러나 패스트푸드 내에 얼마나 많은 포화지방산과 콜레스테롤, 염분, 몸에 좋지 않은 식품첨가물 등이 들어가 있는지는 알지 못한 채, 잘못 길들여진 입맛에 의존하여 음식이나 식품을 선택·섭취하고 있다. 식품의 제조와 가공·유통기술이 발달하면서 우리가 구입할 수 있는 식품의 수는 매우 많아졌으나, 이들은 대개 가공과정을 거치면서 정제되고 첨가물이 들어가 식품 고유의 맛을 잃어버린 경우가 많다. 당과 염분이 지나치게 많이 첨가되고 인공조미료를 비롯해 식품 안정성을 늘리기 위해 첨가되는 물질의 사용량이 부쩍 늘고 있다. 사람은 말초감각을 자극하는 맛에 길들여지면 내성을 갖게 되어 점점 더 강한 맛을 요구하게 된다. 따라서 이러한 인공적인 맛에 노출되는 시기를 최대한 늦추고, 식품 고유의 맛을 알 수 있게끔 어릴 때부터 미각을 훈련할 필요가 있다.

현대인들이 가진 여러 가지 영양문제를 해결할 수 있는 하나의 방법은, 우리나라의 전통 식생활과 전통음식으로 눈을 돌려 그 우수성을 살펴보고, 이를 이용한 바람직한 방향을 찾아나가는 일일 것이다. 여기서는 우리나라 음식과 식습관의 우수성을 대표하는 주요 식품 몇 가지를 살펴보도록 한다.

1. 곡류 중심의 식습관

최근 우리나라에서도 자라는 어린이나 청년들의 영양 불균형문제가 거론되고 있다. 빠른 시일 내에 식생활 교정이 이루어지지 않는다면 추후 국민의 만성퇴행성질환의 발병률은 매우 높아질 것이다. 젊은층의 이러한 영양불량문제는 간편하게 먹을 수 있는 음식의 많은 부분이 서구화되어있다는 데서 기인한다. 따라서 점차 줄고 있는 곡류 섭취에 대해 다시 생각해볼 필요가 있다.

1) 밀보다 우수한 쌀의 단백가

우리나라 사람들이 섭취하는 식품 중 가장 많은 양을 차지하는 것이 바로 쌀이다. 쌀은 전 세계에서도 가장 많이 소비되는 곡류이며 그다음으로 밀과 옥수수가 뒤를 잇는다. 다소비 곡류 중에서도 쌀은 밀이나 옥수수와 비교할 때 단백질의 우수성이 입증된 곡물이다.

산이 국토의 70%를 차지하여 목축업에 불리한 지형을 갖고 있는 우리나라는, 집에서 키우는 닭이나 오리, 해안 지방에서는 어류가 주요 동물성 단백질 급원이었지만 그 양이 충분하지 않았다. 따라서 우리나라 사람들의 단백질 급원식품으로 기여도가 높았던 쌀 단백질이 한국인의 건강을 좌우하는 주요한 요인이 되었다.

식품 단백질의 질적 평가요인의 척도로 생물가(Biological Value, BV)를 사용하기도 한다. 이는 식품의 단백질이 얼마나 효율적으로 인체 단백질로 전환되는가를 나타내는 수치이다. 쌀 단백질의 생물가는 75로 쇠고기와 비슷하며 치즈의 73보다 높은 수준이다. 밀 단백질의 생물가는 65로 쌀에 비해 낮다(그림 10-1).

우리나라는 밭에서 나는 작물이 많아 흰쌀밥보다는 잡곡을 섞어 밥을 짓는 경우가 많다. 특히 콩과 같은 콩류는 쌀에 부족한 아미노산을 충분히 보충해주기 때문에, 두 식품이 어우러지면 단백질의 생물가가 거의 완벽해진다고 할 수 있다.

서양인들처럼 육류를 많이 섭취할 수 없었던 우리 조상들은 밥을 콩류나 잡곡과 섞어 지음으로써 부족한 단백질을 보충하였는데, 이러한 지혜는 현대 영양학의 원리와 부합하는 것이다. 또 현대와 같이 특정 영양소 섭취량이 너무 많아 비만이나 당뇨, 고지혈증 등이 문제가 되는 경우에도 보리나 콩, 팥, 조 등 섬유질이 많은 잡곡으로 밥을 해서 먹으면 질병 예방과 개선

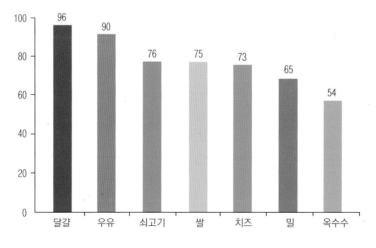

그림 10-1 각 식품 단백질의 생물가

에 도움이 된다. 특히 잡곡 하나로만 지은 밥이 아닌, 찹쌀이나 멥쌀에 보리·조·콩·수수·팥 등을 넣어 지은 오곡밥은 밥 중의 으뜸이라 할 수 있다.

2) 보리는 우수한 식이섬유 급원식품

보리는 그 어떤 곡류보다 식이섬유의 함량이 높다. 통보리 100 g에는 식이섬유가 19.3 g 함유되어있다. 이는 우수한 식이섬유 급원식품으로 알려진 현미와 비교해도 5배 이상 높은 수치이다. 서양에서는 통밀을 식이섬유의 우수한 급원으로 치지만, 대부분 밀가루로 가공하여 소비하므로 식이섬유의 함량이 많이 감소하게 된다(3.7 g/100 g). 또한 보리 속의 식이섬유는 불용성 식이섬유보다 가용성 식이섬유의 비율이 높다. 소화능력이 약한 노약자에게는 불용성 식이섬유보다 가용성 식이섬유가 더 안전하다고 알려져 있으며 장내 미생물 환경에도 유리하다. 특히 당뇨나 고지혈증이 있는 경우, 보리밥을 장기간 섭취하면 큰 개선효과를 기대할 수 있으며 이는 다이어트 식품으로도 적격이다.

3) 뇌 건강을 지키는 아침밥

아침에는 곡류 위주의 식사가 동물성 단백질 급원식품 위주의 서양식에 비하여 더 많은 포도당을 뇌에 공급해주어 오전의 정신활동에 훨씬 유리하다. 뇌의 연합능력은 단백질 섭취량이 적어질수록 상승하는 역비례 관계를 보이며, 인지능력은 섭취하는 식품의 탄수화물의 함량이 60%, 단백질과 지방 함량이 각각 20% 내외일 경우에 가장 높아진다.

아침식사로 섭취하는 탄수화물 중에서는 단당류보다 다당류, 혹은 복합당류가 뇌의 활동(인지력, 기억력과 주의력)을 오랫동안 활발하게 해준다. 육류 중심의 서양 식단은 탄수화물의 비율이 절대적으로 낮아 두뇌활동에 불리하다. 또한 최근 빠른 아침식사를 위하여 섭취율이 늘어나고 있는 커피나 코코아 음료, 과일주스, 단과자류, 시리얼 등에는 복합탄수화물이 아닌 단당류의 비율이 높아 전통식인 밥·죽·떡보다 포만감이 적고 아침시간의 지속적 두뇌활동에도 크게 도움이 되지 않는다.

4) 다양한 떡과 죽

우리나라 사람들은 밥뿐만 아니라 죽, 떡과 한과, 양념 등의 곡류를 매우 다양하게 이용해왔다. 죽이나 떡은 곡류를 잘게 부수거나 가루를 내서 익혀 만든 음식으로 소화가 잘되며 간편하게 섭취할 수 있어 아침식사로 이용하기가 좋다. 죽이나 떡을 만들 때는 찹쌀이나 멥쌀뿐만 아니라 다른 곡류, 채소, 과일, 견과류, 심지어 산야의 꽃까지 고루 이용하여 색이나 맛뿐만 아니라 영양 면에서도 가치 있는 음식을 만들어냈다. 떡 중에는 쇠머리떡이나 송편, 쑥설기, 호박떡 등 맛뿐만 아니라 영양도 우수한 계절식품이 많으며, 이를 절기에 맞추어 사용한 예를 쉽게 볼 수 있다. 노약자에게는 다양한 부재료를 첨가한 영양가가 많은 죽을 먹게 하여 기력 회복에 도움을 주었다. 죽은 현대에 별식이나 간식, 후식으로 이용하기에 안성맞춤인 음식이다.

밥이나 떡, 죽 등은 탄수화물의 공급원이기도 하지만, 다당류인 전분을 주재료로 사용하고 있으며 또한 여러 부재료와 함께 조리되면서 단당류 비율이 높은 음식보다 혈당을 급격하게 상승시키지 않아 비만을 비롯한 대사증후군에 나쁜 영향을 미치지 않는 음식이라고 볼 수 있다.

2. 채식 위주의 음식문화

우리나라는 예로부터 들과 산의 야생식물을 식품으로 많이 이용하였다. 오랜 경험을 통해 인체에 무해한 산채를 선별하여 먹었고 채소를 여러 가지 방법으로 조리해서 먹었다. 지방마다 이용하는 채소의 가짓수나 종류는 다르지만, 대략 우리나라 사람들이 식품으로 자주 섭취하는 채소는 80여 가지이며 식용으로 쓰는 채소의 수는 이보다 훨씬 많다.

채소는 생채로 먹기도 하지만 국, 찌개, 전골 등에 넣어 익혀 먹거나 부침이나 찜, 절임음식 등으로도 만들어 먹는다. 그중에서도 영양 면에서 우수한 것은 역시 김치와 나물이라고 할 수 있다.

1) 발효과학의 산물, 김치

김치는 배추와 무를 주재료를 하여 소금에 절이고 여기에 고추, 마늘, 파, 생강 등의 양념을 넣어 버무려서 지역에 따라 다양한 젓갈을 넣고 발효시킨 음식이다. 고구려시대부터 채소를 소금에 절여 저장음식을 만들어왔다는 기록이 있으며, 신라시대와 고려시대를 거쳐 여러 가지 양념을 사용한 김치를 만들어 먹었고, 조선시대에 이르러 고춧가루와 젓갈을 사용한 김치가 완성되었다.

김치에는 비타민과 무기질, 식이섬유가 풍부하여 건강에 도움을 주고 유기산이 많아 장내 무기질의 흡수도 돕는다. 발효과정에서 생성되는 유산균은 정장작용을 하여 면역기능을 유지하고 그 외에도 콜레스테롤 저하기능, 혈전 용해기능, 혈압 강하기능, 항암효과 등이 있는 것으로 학계에 보고되었다. 최근에는 김치의 유산균에 아토피 치료효과가 있음이 입증되었다.

김치에 양념으로 들어가는 고추나 파, 갓, 부추 등은 카로틴 등의 항산화 영양소의 함량이 많으며 유해 미생물의 생육을 억제하여 김치의 저장성을 높이고, 젓갈의 비린내를 없애주는 등의 효과를 내어 맛과 향을 깊게 한다.

김치에 사용하는 젓갈은 단백질이나 칼슘의 급원이기도 하지만, 무엇보다 감칠맛을 내는 아미노산의 급원이 된다. 젓갈의 대부분은 해산물을 이용하여 만들기 때문에 숙성과정 중에 천연 감미성분인 글루탐산, 아르기닌, 리신, 아스파르트산, 알라닌 등이 많이 생성된다. 김치는 담근 직후부터 시간이 지남에 따라 성분이 지속적으로 변해가는데, 맛이 가장 좋게 익을 때쯤에는 영양소의 함량이 가장 높아진다.

김치를 섭취하는 데 다소 우려스러운 점이 있다면 바로 소금의 과잉 섭취이다. 한국인의 1일 평균 나트륨 섭취량은 2010년 4,785 mg에서 2015년 3,871 mg으로 20% 감소하였으나 여전히 WHO의 기준인 2,000 mg을 크게 웃돌고 있다. 국민의 나트륨 섭취에 대한 기여도가 가장 높았던 음식은 배추김치, 장류, 라면 등이었으며 이들 가공식품의 나트륨 함량이 줄어든 것이 나트륨 섭취 저감화에 크게 기여한 것으로 나타났다. 가정에서 담가 먹는 김치에는 아직 나트륨 함량이 높을 수 있으므로, 김치의 우수한 효능이 나타나길 기대한다면 김치를 덜 짜게 담그고 김칫국물 섭취량을 줄이는 등 여러 가지 방안이 필요할 것이다.

표 10-1 **김치 1인분의 영양성분표**

영양소	배추김치	깍두기	열무김치	갓김치
1인 분량(g)	40	40	40	40
에너지(kcal)	10	16	14	20
탄수화물(g)	1.8	3.0	2.0	3.3
단백질(g)	0.6	0.6	0.9	1.4
식이섬유(g)*	1.2	1.1	1.3	1.6
칼슘(mg)	26	15	40	50
나트륨(mg)	93	238	248	113
칼륨(mg)	78	160	134	70
비타민 A(RE)	19	15	83	15
카로틴(µg)	112	90	456	90
비타민 C(mg)	2.8	7.6	0	18

*. 한국보건산업진흥원에서 진행한 식품의 영양성분 DB구축사업(5차년도 식이섬유 분석).
자료: 농촌진흥청(2011). 제8개정판 표준식품성분표.

2) 나물

한식에는 산과 들에서 나는 채소를 생으로 이용하거나 숙채 및 저장용으로 말려둔 건나물을 이용한 음식이 많다. 나물로 사용하는 채소 중에서도 주로 잎을 이용하는 녹황색 채소에는 식이섬유는 물론 카로틴과 비타민 C, 칼슘, 철, 칼륨 등 건강에 좋은 영양소가 풍부하게 들어 있다. 카로틴은 지용성 비타민으로 지방과 조리하면 흡수가 잘되는데, 나물은 데쳐서 참기름 이나 들기름 및 깨소금 등과 함께 버무리므로 매우 과학적인 조리법이라고 할 수 있다.

나물에 사용되는 채소 중에는 인체에 그다지 유익하지 못한 성분이 함유되어있기도 하다. 대표적인 나물이 바로 고사리이다. 고사리에는 발암성분이 들어있다고 해서 서양에서는 굵고 부드러운 고사리가 숲에 무수히 자라도 그것을 먹는 사람이 별로 없다. 반면 우리나라에서는 고사리를 꺾어서 말려두었다가 먹기 전에 삶은 후 충분히 우려낸 뒤에 조리해 먹는다. 이렇게 하면 해로운 성분이 물에 우러나 고사리에 거의 남지 않으므로 먹어도 크게 문제가 되지 않는다.

고사리뿐만 아니라 도라지와 같이 쓴맛이 있는 채소나 죽순, 토란 등의 아린 맛이 나는 채소는 소금물이나 찬물에 담가 우려서 쓴맛을 뺀 뒤에 조리하면 된다. 이처럼 채소의 전통적인 전처리방법이나 조리법은 무척 과학적이어서 식품학계의 연구 대상이 되고 있다.

3. 풍부하고 다양한 어패류와 해조류

삼면이 바다로 둘러싸인 우리나라는 식용으로 먹는 해조류와 어패류가 매우 다양하다. 육류가 부족했던 예부터 단백질의 급원으로 어패류를 먹어왔으나 신선도를 유지하기 어려워 어패류를 저장하는 방법이 발달하였다. 서양에서는 주로 훈제를 통해 생선류의 저장기간을 늘리거나 기름에 절여놓지만, 우리나라에서는 포를 뜨거나 해풍에 말리거나 냉동상태에서 건조시키거나 소금에 절이고 삭히는 방법을 이용하여 오래 두고 먹을 수 있는 방법을 고안하였다.

1) 다양한 생선요리

어패류의 유통이 원활할 경우에는 생물 어패류를 다양하게 조리하여 섭취하였다. 신선한 생선은 찌개나 탕으로 조리하기도 하지만, 소금을 살짝 뿌려 구워 먹는 조리법이 생선의 원래 맛을 느끼기에 가장 좋다. 어패류는 물에 닿으면 비린내가 나기 때문에 물에 넣고 가열할 때는 비린내를 제거하는 향신료를 쓰게 된다. 전통조리에서 사용하는 양념 중에는 비린내를 없애주는 것(마늘, 파, 양파, 생강, 고추, 깻잎, 쑥갓 등)들이 많아 생선을 조리하기에 제격이다. 서양 식단에서 사용하는 어패류는 동양 식단만큼 다양하지 못하고 조리방법 또한 매우 제한적이다. 특히 비린내를 제거하는 조리법이 발달하지 않아 섭취하는 생선의 종류가 제한적이고, 어패류를 쪄서 지방이 많은 소스와 함께 먹거나 튀김 등의 조리법을 선택하기 때문에, 담백하면서도 감칠맛이 나는 어패류의 특성을 잘 살리지 못하는 경우가 많다.

2) 등 푸른 생선

서양에서 최근에야 만성질환 예방에 좋다고 알려진 여러 가지 등 푸른 생선을 우리나라에서는 예로부터 이용해왔고, 그에 따라 여러 가지 조리법이 발달하였다. 등 푸른 생선은 맑은 찌개류와는 어울리지 않으므로 주로 구이나 조림을 해서 먹게 된다. 이때 고추나 쑥갓, 파 등 항산화 영양소가 많은 채소를 함께 먹어서 불포화지방산을 많이 먹을 때 어쩔 수 없이 생기는 과산화 지질로부터 우리 몸을 보호하였다. 등 푸른 생선에는 철이 많아 가임기 여성이나 사춘기 청소년, 어린아이나 노인에게 유익하다.

최근에는 낙농제품이 많이 나오면서 멸치나 뱅어같이 작은 생선류를 말려서 뼈째 먹는 식품의 중요도가 차츰 낮아지고 있다. 그러나 아직도 유당불내증을 가진 사람이 많은 우리나라에서는 이러한 식품이 우수한 칼슘 급원으로 이용되고 있다. 최근에는 햇빛 조사량이 감소하면서, 한국인에게 결핍되어있는 비타민 D의 주요 급원식품으로 등 푸른 생선이 주목받고 있다.

3) 동물성 식이섬유, 키토산

우리나라 사람들은 새우나 게와 같은 작은 갑각류를 껍질째 먹는다. 이러한 껍질 및 게의 등딱지에 있는 검은 막에는 키토산과 같은 동물성 식이섬유가 풍부하게 들어있다. 이 성분은 인체의 면역력을 증가시키고, 항균 활성을 보이며, 콜레스테롤을 저하시키는 작용을 하여 여러 가지 건강기능식품의 소재로 쓰이고 있다.

4) 가용성 식이섬유와 무기질의 보고, 해조류

앞에서 언급한 어패류들은 서양에서도 식재료로 이용되는 것이지만, 해조류를 식용으로 사용하는 나라는 우리나라와 일본, 중국 외에는 거의 찾아볼 수 없다. 우리나라는 예부터 미역, 다시마, 김, 톳, 청각, 우뭇가사리 등을 생으로 쓰거나 말려서 국이나 무침, 튀김, 조림 재료 및 김치의 부재료로 이용해왔다.

해조류에는 현대인에게 부족하기 쉬운 무기질과 가용성 식이섬유가 풍부하게 들어있다. 해조류의 가용성 식이섬유는 곡류나 채소류에 들어있는 불용성 식이섬유보다 소화관에 부담을 덜 주고 무기질의 흡수도 거의 방해하지 않으며, 장에서 미생물에 의해 발효되어 체내 콜레스테롤 수치를 낮추어준다. 또 항동맥경화 활성, 항당뇨효과, 항암효과 등 우수한 생리기능을 갖고 있음이 밝혀졌다.

4. 몸에 좋은 성분이 듬뿍 담긴 콩

콩에는 여러 가지 종류가 있다. 밥에 넣어 먹거나 발효식품의 재료로 이용하는 검은콩, 노란콩, 밤콩 등은 다른 콩보다 단백질을 많이 함유하고 있다. 대두라고 불리는 검은콩과 노란콩은 최근 들어 생리 활성을 많이 띤다는 사실이 밝혀지면서 동서양을 막론하고 주목받고 있다.

콩에는 단백질이 35%, 지질이 18%, 탄수화물이 25% 정도 들어있으며 이 모든 영양소가 우수한 기능을 한다. 식이섬유의 양도 많아 껍질째 먹으면 체내 지질 함량을 낮추어준다.

1) 콩의 단백질

콩단백은 전분음식이 주식인 우리나라 사람들에게 더없이 귀한 단백질의 보고로, 예부터 '밭에서 나는 고기'라고 일컬어졌다. 단, 콩 자체는 소화성이 낮아 소화기가 약한 사람들에게는 부담스러운 식품일 수 있다. 그러나 두부와 같이 소화하기 쉬운 형태로 가공해서 먹는다면 이러한 것이 크게 문제되지 않는다.

우수한 단백질 급원인 난류·유류·육류 등과 함께 섭취하게 되는 포화지방이나 콜레스테롤이 순환기계질환을 일으킨다는 사실과 동물성 단백질의 과잉 섭취가 골다공증을 가속화시킬 수 있다는 사실이 알려지면서 서양이나 일본, 우리나라 등지에서 대두에 대한 관심이 급증하게 되었다. 대두의 단백질은 동물성 단백질과 달리 칼슘의 배설을 촉진하는 함황아미노산의 함량이 낮고 대사과정에서 알칼리성 원소를 내놓아 칼슘의 체내 이용에 유리한 측면이 있다. 최근에는 콩이나 콩으로 만드는 된장, 간장 등에서 발견되는 단백질의 분해산물인 펩타이드가

항비만·항암성을 띤다는 연구 결과도 발표되었다.

2) 뇌세포와 피부에 좋은 인지질의 급원식품

콩의 지질성분 중에는 뇌세포막을 이루는 데 중요한 인지질인 레시틴의 함량이 높다. 레시틴
은 항지방간 인자로 알려져 있어, 당분과 지질을 과잉 섭취하여 고지혈증과 지방간에 걸리기
쉬운 현대인들에게 필수적인 성분이다. 또한 사람의 피부에 보습인자로 작용하는 인지질이 함
유되어있다고 알려져 있다.

3) 장에 좋은 콩의 올리고당

콩에는 올리고당의 함량이 많다. 콩 전체의 약 4%가 올리고당으로 구성되는데, 이 중 약 30%
를 차지하는 난소화성 올리고당은 어렵지 않게 대장에 이르러 유익한 장내 세균을 증식시키
는 것으로 보고되고 있다. 또 두유는 유당을 함유하고 있지 않아서 유당불내증이 있는 사람
들도 안심하고 먹을 수 있다.

4) 이소플라본

콩에는 플라보노이드류인 이소플라본이 존재한다. 이들은 여성호르몬인 에스트로겐과 구조
가 유사하여 식물성 에스트로겐으로 불리는데, 여성호르몬인 에스트로겐과는 다른 물질이다.
　대두의 이소플라본은 골밀도를 증가시키고 골재 흡수를 감소시키는 효과가 있어 건강기능
식품의 원료로 사용된다. 오랫동안 콩을 먹어온 아시아 여성들은 폐경기 이후에도 골다공증
에 걸릴 가능성이 적다고 알려져 있다(표 10-2). 또 대두의 이소플라본이 항암작용도 하는 것
으로 알려져 있어 대두를 많이 섭취하는 아시아 여성들의 유방암 발병률이 낮다는 역학조사
결과도 있다. 콩 속에는 이소플라본이 당과 결합된 형태로 들어있는데 된장이나 청국장 등으
로 발효되는 과정에서 당이 떨어져나가 이소플라본의 흡수가 잘되는 형태로 변화하므로 함량

표 10-2 **여러 나라의 대두 섭취량과 유방암으로 인한 사망률(인구 10만 명당)**

국가	대두 섭취량(g/일)	유방암	전립샘암
일본	29.5	6.0	3.5
한국	19.9	2.6	0.5
홍콩	10.3	8.4	2.9
미국	극소량	22.4	15.7

표 10-3 **콩과 콩제품의 이소플라본 함량**

식품	함량(mg%)
두유	25.2
된장	31.52
두부	27.91
템페	43.52
콩나물	40.71
분리대두단백	97.43
간장	0.10
한국산 콩	144.99
미국산 콩	128.35

자료: USDA(1999).

이 적어도 효능이 더 좋아지는 것으로 알려져 있다(표 10-3).

5) 항산화효과가 있는 콩의 비타민

콩은 다른 곡물보다 티아민과 항산화 영양소인 비타민 E를 많이 함유하고 있다. 콩에 없는 비타민 C가 콩나물이 자라면서 올리고당으로부터 생성되므로, 콩나물은 좋은 비타민 C 급원이된다. 콩나물은 어두운 곳에서 물만 주어도 자라기 때문에 햇볕이 들지 않아 푸른 채소를 키우지 못하는 곳에서도 비타민 C를 섭취할 수 있게 해주는 좋은 식품이다.

1. 우리 조상들이 절기마다 곡류로 만들어 먹었던 음식에 대해 알아보자.

2. 우리나라 각 지방의 김치에 대해 알아보자.

3. 각 지방 특유의 나물에는 어떠한 것들이 있는지 알아보자.

4. 대두를 주재료로 하는 음식에는 어떠한 것들이 있는지 알아보자.

5. 계절별로 맛있는 어패류에 대해 알아보자.

6. 김치를 덜 짜게 만드는 방법을 알아보자.

11

안전한 식탁

인간은 식품을 섭취하고 소화·흡수 및 복잡한 대사과정을 통해 성장·발달하면서 삶을 유지한다. 오늘날 과학기술의 발달은 식품의 대량 생산, 새로운 식품 소재 개발 및 수많은 가공식품의 등장을 유도하여 식품의 종류와 형태가 날로 다양해지고 있다. 반면 우리 주변에 식생활을 위협하는 요소들도 그만큼 많아지고 있다. 여러 가지 식품에서 병원성 미생물, 잔류 농약, 중금속, 환경호르몬, 자연독, 이물질 등이 혼입된 사례가 발견되기도 하고, 허가된 식품첨가물의 오남용으로 불쾌감이나 식중독을 유발하는 일들이 여러 매체를 통해 자주 보도된다. 또 식품의 제조·가공·조리·저장·유통 중에 유독성분이 생성되어 식중독을 유발하고, 심지어 발효과정 중에도 일부 독성물질에 의한 위해성이 확인되고 있다.

안전한 먹거리에 대한 실천이 이루어지려면, 소비자가 식품의 생산 단계부터 최종 소비까지 취급 정보 등을 정확히 주지하고 있어야 한다. 이에 식품의약품안전처는 생활 전반에서의 건강한 식생활 유지를 위한 가이드라인이나 조리시설에서 실천할 수 있는 위생관리 매뉴얼을 배포하고 있다. 또 국민의 식품 섭취 실태를 정확히 파악하여 독성물질의 저감화를 위한 법적 근거를 마련함으로써 개인위생 및 식재료관리, 조리작업관리, 환경위생 등 조리현장에서 요구되는 철저한 위생관리와 식중독 예방을 통해 안전한 급식을 실천하도록 권고하고 있다.

여기서는 안전한 식탁을 위해 필수적으로 알아야 할 유해물질과, 이를 방지하기 위한 식품안전정보를 식품안전정보 포털(식품의약품안전처)에 제시된 내용을 기준으로 하여 살펴보기로 한다.

1. 세균성 식중독이란?

식중독이란 자연독 및 유독 화학물질 또는 세균이 침투하여 오염된 음식물을 섭취했을 때 발생하는 식이장애이다. 주된 증상은 구토, 설사 또는 급성 위장염이다. 세계보건기구(WHO)나 우리나라 식품위생법에서는 식중독을 위해식품 또는 물로 인해 유해한 미생물이나 유독물질에 의해 발생하였거나 발생한 것으로 생각되는 감염형 또는 독소형 질환이라고 정의하고 있다. 여기서 위해식품이란 부패식품, 설익은 식품, 유해물질이나 병원성 미생물에 오염된 식품, 불결한 식품, 이물질이 혼입된 식품, 영업 허가를 받지 못한 식품, 안전성에 문제가 있는 식품을 말하며 수입이 금지된 식품 또는 미신고 식품 등도 이에 포함된다(식품위생법 제4조).

세균성 식중독은 일반적으로 고온다습한 5월에서 9월 사이에 한정된 지역에서 발생하며, 위해식품 자체나 그 식품이 만들어낸 독소를 섭취한 경우에 발병한다. 주로 집단으로 발병하며 남성이 여성보다 취약하고 연령에 의한 취약도는 그 차이가 크지 않다. 세균성 식중독은 회복되어도 면역력 생성과 무관하므로 환경이나 조건이 불리하면 반복적으로 감염될 수 있다.

세균성 식중독 중에서 세균 자체가 식품을 오염시켜 발병하는 경우에는 보통 2~3일의 잠복기를 거쳐 증세가 나타나고 일주일 이내에 회복한다. 음식은 충분히 가열하면 대부분의 균이 사멸된다. 반면, 세균이 분비하는 독소가 식품을 오염시킨 경우에는 균 자체보다 독소의 저항성이 매우 크므로 가열로는 제거가 쉽지 않고 증세도 심각하다. 예를 들어 소시지나 통조림 등에서 발생할 수 있는 보툴리누스 식중독은 신경을 마비시키며 심하면 생명을 앗아갈 수도 있다.

일반적으로 세균은 체온과 비슷한 온도와 중성식품에서 잘 자라므로 이러한 조건에서 식품이 부패되지 않도록 식품을 가열하거나 온도를 낮추어 보관하면 식중독균의 유입을 막고 균의 성장을 억제할 수 있다. 이를 위해서는 5℃ 이하나 65℃ 이상의 온도에서 식품을 보관하는 것이 권장되며, 될 수 있는 대로 빨리 소비하는 것이 바람직하다.

표 11-1 흔히 발생하는 세균성 및 바이러스성 식중독의 종류 및 특성

분류	원인 미생물	원인식품	증상이나 특징
감염형	O-157균	햄버거, 소시지, 우유, 무순	• 공통[고열, 구토, 설사(혈변), 복통, 탈수] • O-157균은 콩팥 사구체 출혈 유발 • 리스테리아균은 임신부에게는 심각 (사산, 뇌수막염, 패혈증 유발)
	살모넬라균	생고기, 달걀, 우유 및 유제품	
	비브리오균	해수어	
	캄필로박터균	수입 닭의 70~90%, 우유	
	리스테리아균	생고기, 생닭, 핫도그	
독소형	보툴리누스균	통조림 식품, 소시지	신경 마비, 심하면 사망
	포도상구균	김밥, 떡, 빵, 도시락	체온 저하, 구토, 설사, 허탈
기타	프로테우스균	고등어 등의 등 푸른 생선	알레르기 증상(전신 홍조, 구토, 두통)
바이러스	노로바이러스	굴, 조개, 오염 물 등	급성 장염(구역질, 구토, 설사, 복통)
	로타바이러스	오염된 손을 통한 사람 간 전파	영·유아의 심한 설사(산후조리원)
	A형 간염바이러스	오염된 물에서 재배·수확한 식재료	감염량(10~100입자 개수), 조리사의 개인 위생이 매우 중요

히스타민 중독으로 알려진 알레르기성 식중독의 원인물질은 아미노산의 한 종류인 히스티 딘으로 등 푸른 생선에 많이 들어있다. 겨울철에 빈번하게 발병하는 노로바이러스 식중독이 나 영유아에게 치명적일 수 있는 로타바이러스 식중독도 있으므로, 항상 식품의 위생 처리나 보관에 신경 써야 한다. 널리 알려진 세균성과 바이러스성 식중독의 종류, 원인식품과 증상은 표 11-1에 제시하였다.

2. 자연독 식중독이란?

우리가 섭취하는 식재료는 환경을 통해 자연적으로 유독성분이 생성되거나 취급 부주의로 인 해 혼입되어 독성을 나타낼 수 있으며, 먹이사슬을 통해 이러한 물질들을 섭취하면 치명적인 결과를 초래할 수 있다. 자연독 식중독은 공급원에 따라 식물성, 동물성 및 곰팡이독으로 나 누어지며 감자의 솔라닌, 복어독인 테트로도톡신, 간에 치명적인 아플라톡신 등이 많이 알려 져 있다.

이 중 식물성 식중독은 여러 종류의 식물에서 야기되고 동물성 식중독은 대부분 어류와 패 류가 주된 원인식품군이다. 한편 곰팡이독은 주로 곡류나 사료가 습도가 적당한 조건이 되면 곰팡이가 유독성 물질을 생산하여 이를 섭취한 사람과 동물에게 매우 심각한 증상을 유발하 는데 사람이나 동물 간에 전염되는 일은 없다. 이러한 자연독은 대체로 치료가 어렵고 가열해 도 무독해지지 않는다. 일부 성분은 끓이면 오히려 독성이 더 강해지므로 반드시 제거해야 한 다. 우리에게 많이 알려진 자연독 식중독의 종류 및 특성은 표 11-2에 제시하였다.

3. 신종유해물질에는 무엇이 있을까?

과거에 미상으로 알려졌던 신종유해물질이 분석기술의 발달로 확인되면서 식품안전에 대한

표 11-2 **자연독 식중독의 종류 및 특성**

분류	독성분	원인식품	증상	비고
식물성	솔라닌(감자독)	감자	복통, 구토, 설사, 졸음, 사망	싹, 녹색 껍질에 존재
	시안산류	청매실, 살구씨, 복숭아씨, 수수	두통, 복통, 소화 불량, 호흡 마비, 사망	시안산(청산가리)
	고시폴	목화	심부전, 간 장해 및 황달	면실유 오염
	아코니틴	바꽃(부자)	복통, 구토, 호흡 마비, 심장 마비, 사망	진통제 효능, 수일 내 사망
	리신	피마자	복통, 구토, 설사, 알레르기	피마자유(설사 유도)
	아마니타톡신	독버섯(알광대버섯)	복통, 근육 강직, 콜레라형	맹독성(수일 내 사망)
	무스카린	독버섯(땀버섯, 광대버섯)	침 흘림, 발한, 동공 수축	맹독성
동물성	테트로도톡신 (복어독)	복어, 일부 고둥류	지각마비, 호흡 마비, 신경 마비, 청색증, 사망	난소와 간장에 함유, 겨울철 중독 사고, 치사율 60%
	베네루핀 (조개독)	모시조개	복통, 구토, 황달, 혼수, 사망	3~4월 중독 사고, 치사율 50%
	삭시톡신	홍합(섭조개)	두통, 복통, 연하 곤란, 호흡 마비, 의식 뚜렷, 사망	5~9월에 맹독성, 치사율 10%
곰팡이	아플라톡신	땅콩, 곡류	간암	누룩 곰팡이
	오크라톡신	곡류, 두류	간과 신장에 이상	−
	시트리닌	쌀	간, 신경, 신장에 이상	황변미독(푸른 곰팡이)
	에르고타민	호밀	교감신경 차단	맥각독(LSD성분)

국민의 관심과 우려가 높아졌다. 식품에 함유된 신종유해물질은 식품의 제조·가공·조리의 과정 중 가열·건조·발효과정과 식품에 첨가되는 물질에 의해 성분 간 화학 반응을 거쳐 자연적으로 생성되는 물질 중에서 평가 절차에 의해 위험하다고 확인된 물질로 정의할 수 있다(식품의약품안전처, 2007). 즉, 식재료를 가공·조리·저장하는 동안 성분의 일부가 독성물질로 변하고 이러한 물질을 섭취하면 피해가 발생한다. 현재 규명되어 각종 연구나 매체에 심심치 않게 등장하는 물질로는 니트로사민, 트랜스지방(산), 아크롤레인, 벤조피렌, 아크릴아미드, 벤젠, 에틸카바메이트, 초미세먼지 등이 있다.

1) N-니트로사민

햄이나 소시지 등 가공육을 제조하기 위해 육류 단백질성분(아민류)에 허용 발색제인 아질산염을 과량 사용하면 니트로사민이나 그와 유사물질인 니트로사미드 같은 발암성 물질이 생성되어 간암, 위암, 식도암, 백혈병 등을 발병시킬 수 있고 이것을 신생아가 과다 섭취하면 적혈구의 기능이 저하된다고 보고되어있다. 그러나 환원성 물질(아스코르브산, 폴리페놀, 토코페롤 등)은 이러한 독성물질의 생성을 억제하므로 제조현장에서는 환원성 물질을 첨가하여 제조하고 있다. 식품의약품안전처(2007)에서는 상대적으로 육가공품을 많이 섭취할 가능성이 높은 청소년들에게 햄이나 소시지의 안전 섭취량 가이드라인(상한선)을 체중 1 kg당 2.7 g으로 제한하여 제시하고 있다.

2) 트랜스지방(산)

식용유처럼 액체상태인 지방질 식품은 불포화지방산의 함유비가 상당히 높다. 이 지방산을 건냉암소의 적절한 상태에 보관하면 안전하지만(시스형), 오랫동안 햇볕이 드는 곳 또는 고온에 보관하거나 가공과정을 거치면 유독한 지방산(트랜스형)으로 전환될 수 있다.

트랜스지방은 트랜스지방산을 가진 지방으로, 대표적인 트랜스지방 식품에는 마가린과 쇼트닝이 있다. 이것을 많이 사용한 가공식품과 패스트푸드로는 감자튀김, 도넛, 쿠키, 크래커, 전자레인지용 팝콘, 냉동용 피자, 프라이드치킨이나 햄버거 등이 있다. 이들은 많은 사람이 좋아하는 기호식품이기 때문에 트랜스지방에 노출될 기회가 많아진다. 이러한 식품을 자주 섭취하면 면역기능이 저하되며 체내에 HDL-콜레스테롤은 줄고 LDL-콜레스테롤이 많아져서 심혈관계에 상당히 좋지 않은 영향을 미친다고 보고되었다.

세계보건기구에서도 트랜스지방의 섭취량을 섭취 에너지의 1% 이내로 할 것을 권고하고 있으며, 우리나라 식품의약품안전처에서도 패스트푸드점의 트랜스지방 함량 실태 조사를 통해 이를 저감하고자 노력하고 있다.

3) 아크롤레인

매연은 담배나 휘발유가 연소되면서 생성되는데, 여기에 다량 함유된 아크롤레인은 세포나 DNA를 변이시키고 종양 억제 유전자를 불활성화하여 암으로 진전시킨다. 따라서 세계보건기구 산하 국제암연구소(IARC)는 이를 '확인된 인체발암물질(1군)'로 분류하였다. 이것은 다음에 설명할 벤조피렌보다 발암성이 약 1만 배 이상 높다.

식용유를 사용하는 튀김, 일부 구이나 볶음요리는 보통 100℃ 이상의 고온에서 조리되어 사람들이 좋아하는 색, 풍미, 텍스처를 제공한다. 그러나 지나치게 고온에서 식용유를 가열하여 발연점보다 높아지면, 증기가 발생하고 유해한 아크롤레인의 비율이 높아진다. 미국으로 이민을 간 중국계 비흡연 여성 1세대가 남아시아계 여성들보다 폐암 발병률이 높았다는 사실이 알려지면서 아크롤레인의 독성이 확인되었다.

튀김과 같은 조리법은 식용유를 고온에서 반복 사용함으로써 기름의 온도가 발연점 이상으로 올라가게 하는데, 이렇게 하면 기름이 끈적끈적하게 변하면서 눈을 따갑게 하거나 자극적인 냄새를 가진 연기를 발생시킨다. 이렇게 과도한 가열로 변질된 끈적끈적한 기름이 들어있는 음식과 함께 아크롤레인을 계속 섭취하거나 흡입하는 습관을 유지하면 폐암이 유발된다고 보고되어있다. 이러한 폐해를 줄이기 위해서는 조리할 때 반드시 신선한 식용유를 사용하고, 조리 직후 음식을 바로 섭취하는 것이 좋다. 장시간 튀기기를 해야 할 때는 발연점 이하로 조리하되, 눈 보호대나 마스크를 착용하는 것이 바람직하다.

4) 벤조피렌

환경오염물질의 한 종류인 다환 방향족 탄화수소(PAH)는 열원으로 사용되는 석탄, 종이, 목재, 석유의 불완전연소로 인해 약 100여 종 이상이 생성·배출된다. 이는 쉽게 제거되지 않으며, 그중 일부는 소량만으로도 염색체에 돌연변이를 일으키고 암을 유발한다. 가장 유독한 물질인 벤조피렌은 세계보건기구 산하 국제암연구소(IARC)에서 '확인된 인체발암물질(1군)'로 분류되었다.

조리나 가공과정에서 발견되는 벤조피렌은 식재료를 고온 처리할 때 생성된다. 생선구이나 햄버거처럼 직화구이를 할 때나 튀김, 볶음, 훈제 등을 할 때 나타나며 이외에도 공장 근처에서 수확한 곡류·채소·콩류·어패류 등의 생식품이나 이를 이용하여 가열·제조한 식용유에서도 발견되었다.

벤조피렌의 급성 중독은 빈혈과 면역기능 저하를 일으키고, 만성 중독은 생식 및 발달 이상과 암을 유발한다. 이처럼 독성이 강한 벤조피렌은 잔류성 또한 높아 환경에 축적되어 쉽게 분해되지 않으므로 무엇보다 생성량(배출량)을 줄이는 것이 매우 중요하다.

식품의약품 안전평가원(식품의약품안전처)(2008, 2017)에서는 과학적 규명을 통해 벤조피렌의 양을 줄이는 방법을 다음과 같이 제시하였다.

- 가능하면 검게 탄 부분이 생기지 않도록 하고 탄 부분이 생기면 반드시 제거한다.
- 고기는 불판을 충분히 예열한 후 굽는다.
- 숯불 가까이에서 고기를 구울 때는 연기 흡입을 주의한다.
- 삼겹살·쇠고기·소시지 등의 구이류, 육가공품, 훈제건조어육을 조리·섭취할 때는 상추·양파·마늘·셀러리 등의 채소나 과일을 같이 섭취한다.
- 식후에 홍차나 수정과를 마시는 습관을 갖는다.

5) 아크릴아미드

유독물질인 아크릴아미드는 전분식품을 고온에서 튀기거나 구웠을 때 생성된다는 것을 2002년 스웨덴에서 최초로 발견하면서 그 존재가 알려지게 되었다. 이후 우리나라를 비롯한 여러 나라에서도 그 존재가 확인되었다. 최근에는 외국의 일부 생강빵에서 발견되어 해외 여행객들의 주의를 요하기도 했다(식품안전정보원, 2017). 일반적으로 아크릴아미드는 상온에서 안정하여 음용수나 폐수의 불순물(입자) 제거나 화장품 제조에 사용하지만 열이나 자외선에 민감하다. 세계보건기구 산하 국제암연구소(IARC) 동물실험에서 위암 유발물질로 확인되어 '발암유력물질(2A군)'로 분류되었지만, 인체에서의 발암에 대한 충분한 증거를 발견하지는 못했다.

현재까지 발견된 주된 급원으로는 감자칩, 감자로 만든 스낵류, 시리얼, 빵류, 건빵, 비스킷, 누룽지 등이 있다. 이 물질은 전분질 식품인 감자, 곡류, 시리얼 등을 120℃ 이상의 고온에서 건열조리(기름 사용도 포함됨)하면 생성되며, 물을 이용한 습열조리에서는 생성되지 않는다.

식품의약품안전처(2016)는 감자의 조리 도중 생성되는 아크릴아미드의 저감화를 위해 다음과 같은 방법을 제시하였다.

- 생감자는 8℃ 이상의 냉암소에 보관하고, 조리 전에 박피한 감자는 15~20분간 수침한 후에 사용한다.
- 감자를 함유한 식육 가공품은 식중독 억제를 위해 충분히 가열하되 고온에서 장시간 갈색이 될 때까지 조리(튀김요리)하는 것을 피해야 하고, 찌거나 삶는 방식의 습열조리가 권장된다(튀김 온도는 160℃ 이하, 가정용 오븐 사용 온도는 200℃ 이하).

6) 벤젠

벤젠은 원유의 한 성분인 휘발성 유기화합물로, 세계보건기구 산하 국제암연구소(IARC)에서 '인체발암물질(1군)'로 분류한 물질이며 담배에도 함유되어있다. 현대인들은 비타민 C 함유 음료를 통해 비타민을 손쉽게 섭취하고자 하는 경우가 많은데, 이때 음료에 보존제로 안식향산나트륨을 첨가하게 된다. 음료 속 성분인 비타민 C와 미량의 철, 구리가 함께 존재하면 보존제인 안식향산이 유해한 벤젠을 생성하는데 밀봉된 용기 뚜껑 때문에 벤젠이 휘발되지 못하고 음료에 남게 된다. 벤젠 생성량은 보관상태 및 비타민 C와 보존제의 함량에 따라 달라진다. 관련 제품으로는 과실채소음료, 인삼·홍삼음료, 탄산음료, 혼합음료 등이 있다. 식품의약품안전처에서는 이러한 제품에 함유된 벤젠 함량이 기준치인 10 ppb 이하가 되도록 관련 업계를 관리하여 이를 저감하고자 노력하고 있다.

7) 에틸카바메이트

건강식품으로 알려진 여러 발효식품(장류, 김치, 요구르트, 주류 등)은 발효과정 중에 에탄올을 생성한다. 에탄올과 식품의 일부 성분(요소나 시트룰린)이 반응하면 인체에 유해한 에틸카바메이트가 천연으로 만들어진다. 특히 씨가 있는 과일(자두, 복숭아, 체리 등)을 원료로 한 와인류(과실주)에 에틸카바메이트의 함량이 높다. 인체는 단기간이라도 일정 농도 이상의 에틸카바메이트에 노출되면 구토, 의식 불명, 출혈, 신장과 간 손상이 유발된다. 이 물질은 세계보건기구 산하 국제암연구소가 '발암가능물질(2B군)'로 분류하였다.

웰빙을 추구하는 오늘날에는 많은 사람이 기호식품으로 와인(또는 저알코올성 주류)을 많이 마시고 있다. 와인 소비량이 늘수록 에틸카바메이트에 대한 섭취량도 증가할 수 있으므로 와인류는 알코올 도수가 높지 않더라도 적정량을 마시는 것이 바람직하다.

8) 미세먼지와 초미세먼지

미세먼지(PM10)는 지름이 10 ㎛ 이하인 입자로 크기가 매우 작아 코를 통해 거를 수 없다. 미세먼지는 기관지를 통과한 후 기침, 가래를 유발하거나 세포에 염증을 유도하는데 여기에 세균이 침투하면 폐렴이나 암이 유발된다. 세계보건기구 산하 국제암연구소(IARC)에서는 미세먼지를 '확인된 인체발암물질(1군)'로 지정하였다. 우리나라 대기의 미세먼지 PM10 환경 기준($㎍/m^3$)에 따르면 24시간 평균치는 100 이하, 연간 평균치는 50 이하이다(환경부, 2018).

PM10 입자의 약 1/4 정도 크기로 머리카락의 약 1/30 정도의 굵기(지름 2.5 ㎛ 이하)를 가진 초미세먼지(PM2.5)는 호흡계 외에도 심혈관계에도 심각한 영향을 미쳐 협심증, 뇌졸중 등과 같은 무서운 질병을 유발하는 것으로 확인되었는데, 대기 중 초미세먼지의 농도가 높아질수록 사망률이 급증하는 것으로 보고되었다. 실제로 환경부의 대기오염 측정치와 심혈관계 질병 발생 건수와는 밀접한 관계가 있는 것이 밝혀졌다.

오늘날 세계 각국은 대기의 초미세먼지 농도($㎍/m^3$)를 제한하고 있는데 WHO는 10 이하, EU는 25 이하, 미국은 12 이하, 우리나라는 24시간 평균치 35, 연간 평균치 15 이하로 규정하고 있다. 이러한 초미세먼지는 청소 중에 발생하는 먼지에도 존재하고, 양초를 피우거나 낙엽을 소각할 때, 흡연을 할 때도 발생할 뿐만 아니라, 조리과정 중에도 발생하는 것으로 알려졌다. 실제로 한때 밀폐된 집 안에서 요리한 고등어구이로 인해 초미세먼지가 발생하고, 이것이 호흡계나 심혈관계에 치명적인 영향을 미칠 수 있다는 환경부 발표가 뉴스로 보도되어 국민이 고등어 구매를 기피하는 해프닝이 일어나기도 했다.

이처럼 초미세먼지는 장작, 숯불 또는 프라이팬에서 식재료를 고온에서 직화로 장시간 가열하거나 굽거나 튀길 때 발생하는 연기 속에 포함되어있다. 예를 들면 기름이 많은 생선구이, 삼겹살구이, 달걀프라이를 조리하거나 식빵을 토스터기로 지나치게 구울 때 발생한다. 이에 대한 대응책으로 구이나 튀김할 때 환풍기를 틀거나 창문을 열어 밀폐되지 않게 하면 초미세먼지가 90% 이상 제거된다. 호흡기질환이 있거나 노약자는 미세먼지 및 초미세먼지가 심한 경우 가급적 외출을 삼가야 한다. 또한 실내 공기질의 개선을 위해 적절하게 환기하고 외출할 때나 조리할 때 마스크를 착용하는 것도 좋은 방법이다.

4. 식육 관련 감염병에는 무엇이 있을까?

잊을 만하면 반복해 발생하는 식육 관련 감염병은 대부분 인수공통 감염병으로 감염속도가 매우 빨라 세계를 여러 차례 공포에 떨게 했다. 종류로는 조류 인플루엔자(AI) 인체감염증, 광우병, 브루셀라증 및 결핵 등이 있으며 그 외에 구제역 또한 심각한 영향을 미친다. 이러한 감염병이 발생하면 가축과 가축이 제공하는 부산물까지 모두 살처분해야 하므로 국가 경제 측면에서 막대한 손해가 발생하게 된다.

식품을 매개로 한 인수공통 감염병은 사람과 동물(야생 또는 가축)이 공통 숙주로, 감염된 동물을 섭취하거나 접촉하면 사람에게도 전파되는 무서운 질병이다. 이를 예방하기 위해서는 무엇보다 위생적인 환경에서 가축을 사육하고, 가축의 건강을 유지하는 것이 필수이다. 만약 이환 동물이 발생했다면 즉시 도살 처분하고 부산물(유제품, 알류, 식육)의 판매나 유통을 금하여 사람이 섭취하지 않도록 해야 한다. 아울러 도살장의 위생검사를 철저히 하고, 수입 육류의 완벽한 검역이 필요하다. 그러나 구제역의 경우, 육류를 충분히 가열하여 섭취하면 인체에 아무런 해를 끼치지 않으므로 안심하고 섭취해도 된다는 점을 주지시키는 것 또한 중요하다.

1) 조류 인플루엔자 인체감염증

조류독감으로 알려진 조류 인플루엔자(AI) 인체감염증은 바이러스에 의한 감염성 질환으로 야생조류나 가금류(닭·오리) 등의 조류와 사람에게 모두 감염되는 인수공통 감염병이다. 철새인 야생 조류가 조류 인플루엔자의 주요 전파 요인으로 알려져 있고 감염 속도와 범위가 매우 빠르고 광범위하므로 조류 인플루엔자의 초기 유행 시기부터 철새 도래지에서의 방역 작업은 필수적이다. 전파속도와 폐사 정도에 따라 저병원성과 고병원성으로 나누어지는데, 제1종 가축전염병으로 분류되는(식품의약품안전처, 2020) 고병원성 AI에 가축이 확진되면 감염된 가축과 그 생산품을 전부 살처분하고 있다.

인체는 조류 인플루엔자 바이러스에 오염된 물, 분변, 먼지, 차량 바퀴, 달걀 껍질 등에 존재하는 바이러스가 호흡기로 흡입되면 감염된다. 약 7일간의 잠복기 후 고열, 기침, 목의 통증, 호흡기 감염 및 근육통이 일어나고, 악화되면 폐렴, 호흡부전을 거쳐 간혹 사망에 이르기도 한다. 공기로는 다른 지역으로 전파되지 않는다. 다행히 바이러스 자체는 75℃ 이상에서 5분 동안만 가열해도 사멸하고, 위산에 의해서도 사멸한다.

그 외 인수공통 감염병으로는 우리나라에서 심각한 집단감염의 위험성을 보여주었던 제1급 감염병인 중증호흡기질환으로 2012년에 발생한 중증 급성 호흡기증후군(SARS)과 2015년에 발생한 중동 호흡기 증후군(MERS)이 있고, 2020년 2월 이후에는 사상 초유의 높은 치명률로 전 세계를 공포에 몰아넣었던 코로나바이러스 증후군-19(COVID-19)가 있다. 코로나19가 발생한 2020년 3월에 세계보건기구는 팬데믹(pandemic)을 선언하였고, 당시에는 코로나19가 제1급 감염병이었으나 치명률이 점차 낮아져 약 3년 후인 2023년 1월부터는 제4급 감염병으로 완화되었고 상황은 엔데믹(endemic)으로 변화하였다(세계보건기구, 2023).

코로나19는 감염자의 기침, 재채기 등의 비말(飛沫)이나 공기, 접촉 등에 의해 감염된다는 사실이 확인되면서 사회적 거리두기, 마스크 착용, 검역, 백신접종 등 국가적 차원에서 엄격한 방위 체계를 유지하였고 그 결과 치명률이 많이 저하되었으며 이제는 풍토병처럼 고착화되고 있다. 그러나 약 3년 이상의 기간 동안 전 세계적으로 높은 사망률로 인구수는 변화되었고 경기침체로 사회적, 경제적인 피해가 발생했다. 그뿐만 아니라 생활 전반에서 언택트(비대면)라는 새로운 형태의 생활패턴으로 디지털 소비가 가속화됨으로써 가공 식품, 배달 식품의 섭취 빈도가 높아져 국민의 건강 면에도 바람직하지 못한 방향으로 영향을 미치고 있음이 확인되고 있다.

이러한 중증 호흡기 감염병의 유행 시에는 아직까지 직접적인 치료제가 없어 주기적인 백신접종으로 감염률을 낮추고 있는 실정이므로 이를 인지하고 평소 손 씻기를 철저히 하며 감염을 예방하는 기본적인 생활 습관을 유지해야 한다.

2) 광우병

소해면상뇌증(BSE)이라고도 부르는 광우병은 4~5년 된 소의 뇌에 있는 특정 부분이 구멍이 나고 해면(스펀지)상으로 변형되면서 신경병변이 일어나 다리에 이상이 생기고 거동 불안(주저 앉는 증상)과 함께 공격적으로 변한 후 결국 죽게 되는 퇴행성·진행성 질환이다. 1986년 영국 에서 처음 보고되었는데, 정상 동물이나 사람의 뇌에 있는 프리온 단백질(PrP)과 달리, 해면상 뇌에서는 변형 프리온 단백질(PrP-sc)이 있어 이 병의 원인물질로 작용한다. 동물에 따라 명칭 이 다른데, 소는 광우병(BSE), 양은 스크래피(scrapie), 사슴은 만성소모성질환(CWD), 사람은 크로이펠츠-야콥병(CJD)(제3급 감염병), 고양이는 광묘병으로 불린다.

현재까지 알려진 바로는, 영국에서 최초로 발병한 광우병이나 사람의 크로이펠츠-야콥병은 스크래피에 걸린 양의 부산물이나 내장을 사료나 식품으로 섭취한 후 발병되는 것으로 알려 져 양과의 연관성이 추측되고 있다. 사람은 유전적인 돌연변이나 가족력을 통해서도 크로이펠 츠-야콥병에 걸린다고 보고되었다(총 크로이펠츠-야콥병 발병 중 5~10%).

사람이 크로이펠츠-야콥병에 걸리면 광우병과 비슷한 증세인 기억력 감소, 인격 변화, 환각 증상, 언어 인지와 구사능력 상실, 수족의 무의식적 운동이 나타나고 치매 증상이 급속하게 진행되어 길어도 1년 이내에 치명적인 상황에 도달한다. 안타깝게도 아직까지 크로이펠츠-야 콥병의 정확한 감염 경로는 알려져 있지 않다. 전 세계적으로 인구 100만 명당 1명꼴로 이 병 에 감염되는 것으로 보고되었으나, 아직까지 치료법이 없고 결국 사망에 이르게 할 만큼 치명 적인 병이다.

3) 구제역

입발굽병이라고도 부르는 구제역은 세계 대부분의 지역에서 소, 돼지, 양, 염소 등 발굽이 둘 로 갈라진 가축에게 발병되는 감염성이 매우 높은 급성 바이러스성 감염병(제1종 가축전염병) 이다. 구제역 바이러스균은 감염속도가 아주 빠르므로 일단 이환된 가축과 접촉한 가축 모두 도살 처분해야 하지만, 다행히도 감염된 가축은 사람에게 병을 전파하지 않으므로 인수공통 감염병에 해당하지 않는다. 바이러스균은 50℃에서 완전히 사멸되고 이환된 가축의 고기나 우 유는 충분한 열처리만으로도 섭취하는 데 아무 문제가 없지만, 우리나라 법에는 구제역에 이환된 가축은 고기 등의 부산물을 생산하지 못하게 되어있다.

구제역에 감염되면 최대 1~2주 정도의 잠복기를 거친 후, 고열이 나고 입속에 수포가 형성되며 거품이 많은 끈적끈적한 침을 많이 흘리고 발굽 주변에도 수포가 생기며 절룩거리게 되는데, 젖소의 경우에는 우유 생산량이 급격히 감소한다. 치사율은 최대 55% 정도로 매우 치명적이며, 현재까지는 백신을 통한 예방이 최우선이다. 구제역으로 이환가능한 동물의 수와 종류가 많고 감염성이 높아 구제역이 발생하지 않던 곳에서도 발생할 수 있으므로 구제역 발생지역으로의 이동 차량과 관계자는 방역소독을 충분히 해야 한다. 우리나라는 1934년에 발생이 최초 보고된 이래로 2000년에 큰 피해를 입었으며, 최근까지도 매년 발생하고 있는 실정이다.

4) 브루셀라증

인수공통 감염병인 브루셀라증은 가축, 가축 취급 종사자, 수의사가 주로 감염된다. 사람에게는 제3급 감염병이고 가축에게는 제2종 가축전염병으로 분류되어있는데, 사람은 주로 감염된 소에 의해 감염된다. 감염 경로는 원인이 되는 소와의 직접적인 접촉(상처를 통한 경피감염)이 대부분이고 일부는 살균 처리가 불충분한 쇠고기, 우유, 유제품의 경구 섭취로도 일어난다. 소 외에 돼지나 산양에 의해서도 비슷한 경로로 감염될 수 있다.

증상으로는 암컷 가축의 경우 유산, 수컷의 경우에는 고환열로 진행되므로 반드시 다른 가축과 격리하거나 증상이 심하면 살처분해야 한다. 사람의 경우에는 3~60일의 잠복기를 거쳐 발열과 열 저하가 1년 이상 간헐적으로 발생하는 파상열상태가 나타나고, 만성화되면 대식세포에 문제가 일어나 인체의 거의 모든 장기가 감염되어 전신증상(두통, 식욕 부진, 근육통), 화농성 염증 및 관절염이 유발된다. 따라서 생축은 반드시 예방접종을 해야 하고, 그 축산품은 충분한 살균 처리를 해야 하며, 관련 취급 종사자들은 충분한 보호 장비를 갖춘 후 가축을 취급해야 한다.

5) 결핵

일반적으로 결핵은 주로 사람의 폐에 국한해서 나타난다고 생각하기 쉽지만 소, 조류, 파충류도 감염될 수 있는 인수공통 감염병이다. 하지만 사람은 파충류로부터 결핵에 감염되지는 않는다. 사람에게 결핵은 제2급 감염병으로 규정되어있고, 소의 결핵균이 식품과 밀접한 관계가 있다. 즉, 오염된 우유나 이환된 쇠고기를 사람이 섭취하면 결핵이 발생하므로 우유 음용자(어린이 포함)도 결핵에 취약할 수 있다. 또 감염된 조류가 제공하는 동물성 단백질식품(닭고기, 달걀 등)을 섭취해도 결핵이 발생할 수 있다. 인체의 결핵 발병 부위는 폐, 장, 관절, 신장, 피부 등 다양하지만 공통적인 증상은 미열, 체온 저하, 취침하는 동안 발생하는 식은땀 등이다.

결핵은 체내 영양소를 소모시키고 조직세포나 내장기관을 파괴하는 소모성 질환이므로, 환자는 의료적 치료인 항생제 복용과 충분한 영양관리를 병행해야 한다. 또 해당 식품은 충분한 가열 처리를 하여 섭취해야 한다. 예방을 위해서는 투베르쿨린 반응으로 감염 여부를 확인한 후, 음성인 경우 BCG 백신을 경구 투여한다.

5. 환경호르몬이란?

생체 내 호르몬과 비슷한 구조를 가진 환경호르몬(내분비 장애물질)이 생체 내로 유입되면 생체호르몬의 역할을 방해하고 내분비계를 교란하여 여러 반응을 비정상적으로 나타나게 하므로 이를 내분비 장애물질이라고도 부른다. 환경호르몬은 각종 산업현장(폐기물 소각장, 화학공장, 음식물 내의 잔류 농약 등)에서 발생하여 환경으로 유입되는 유해 화학물질로, 특히 생식기능에 악영향을 끼쳐 번식, 개체 수 및 건강에 심각한 문제를 야기하며 생태계에서 발생했다고 보고된 사례가 상당하다. 플로리다 악어의 부화율 감소, 수컷 잉어의 정소 축소로 인한 성비 이상, 패류(소라류)의 임포섹스(성전환), 고둥어류의 자웅동체, 갈매기의 알 부화율 감소, 바다표범의 갑상샘기능 저하, 양의 다발성 사산 등이 이에 포함된다.

환경호르몬이 먹이사슬을 통해 인체로 유입되면, 대부분 인체의 지방조직에 축적·농축되어 분해되지 않고 인체 내에서 오래 잔존할 가능성이 높다. 그 결과 암 유발, 면역기능 저하, 생식기관의 기형 및 생식기능 저하로 인한 남성의 정자 수 감소, 불임 여성 증가, 어린이와 사춘기의 성장 지연 및 주의력결핍과잉행동장애(ADHD) 발병이 보고되는데 이러한 위해성은 세대를 거쳐 유전된다는 점에서 매우 심각하다. 따라서 환경호르몬은 오존층 파괴, 지구 온난화와 더불어 세계 3대 환경문제 중 하나로 대두되고 있다.

환경호르몬은 크게 약물·식물 또는 환경을 통해 유입된다. 약물성 환경호르몬은 호르몬제제로부터 제공되고, 식물성으로는 식물 근원의 에스트로젠 유사물질이 이에 해당한다. 환경성은 종류와 수 및 위험도 부분에서 주목할 만하며 우리에게 잘 알려진 다이옥신, 비스페놀 A, DDT, PCB, TBT(생물부착방해제), DEHA, 농약, 유기중금속 등 주로 산업활동에서 생성되는 것들이 이에 해당한다. 우리나라는 세계야생동물보호기금(WWF)의 분류에 따라 약 67종의 환경호르몬을 규정해두고 있다. 널리 알려진 환경호르몬에 관한 내용은 표 11-3에 제시하였다.

식품의약품안전처가 제시하는 환경호르몬을 줄이기 위한 생활수칙은 다음과 같다.

- 손을 자주 씻을 것
- 모든 식품은 깨끗이 씻을 것
- 오염지역 생선의 섭취를 금하고 채소 겉부분도 잘 제거할 것
- 무농약·유기농 제품을 사용할 것
- 해조류나 섬유소가 많은 채소는 다이옥신 억제효과가 크므로 자주 섭취할 것
- 전자레인지에 플라스틱 용기(일회용 컵, 컵라면 용기)나 랩을 사용하지 않고 전자레인지 전용 유리그릇을 사용할 것
- 통조림 식품은 개봉 후에 내용물을 다른 용기에 담고 식품 포장지와 식품의 접촉을 피할 것
- 일회용 제품, 비닐, 플라스틱 제품은 유지식품과의 접촉을 최소로 할 것
- 쓰레기는 반드시 분리 배출하고 세제나 살충제는 오남용하지 말 것

표 11-3 **환경호르몬의 종류 및 특성**

종류	특성
다이옥신(류)	• 가장 독성이 강한 내분비계 장애물질로 1,300℃ 이상에서만 분해 • 인체에 소량만으로도 치명적이고 반감기 7년 • 생성: 여러 화학제품(피복전선, 페인트)의 소각이나 열 분해, 금속 처리 공정, 펄프나 제지 공장의 배출수, 자동차 배기가스, 산불, 번개, 화산 폭발과 같은 자연현상(희귀) • 쓰레기 소각장에서 극미량 대기 유출된 피해 사례
비스페놀류	• 합성수지의 원재료로 다이옥신 유사물질 • 용도: 급식용기, 음료수 캔 내부 코팅, 커튼 방염처리제 • 쥐 실험 결과 암컷의 분만 횟수 감소, 체중 감소 • 플라스틱용기에 뜨거운 물, 기름 함유 음식을 넣으면 용출되므로 주의
알킬 페놀류	• 공업용 세정제, 유화제, 계면활성제 성분 • 유방암 실험 도중 눈과 호흡기계 자극, 단백질 변성 발견 • PVC랩 등 합성수지제는 식품용과 산업용으로 반드시 구분
폴리염화비페닐 (PCB)	• 용도: 화장품, 도료, 비카본 복사용지, 살충제 등의 코팅제, 변압기나 전기제품 등 다양한 분야에 사용되어옴 • 사용 금지: 우리나라(1996년 이후), 많은 나라(1970년대 후반) • 재생지를 이용한 식품용기나 포장재인 경우 폐지 잉크로부터 또는 포장기계나 설비에서 PCB가 식품으로 이행 유발 가능
스티렌 (스티롤, 스티로폼)	• 용도: 일회용 식기, 즉석면(컵라면) 용기, 도시락 용기 • 끓는 물을 부어 단시간에 음식(면발)을 익히는 동안 스티렌 용기 성분(발암물질)이 식품으로 이행되어 발암 유발 가능성 있으므로 식품의약품안전처에서는 전자레인지에서의 컵라면 용기 가열 절대 금지
프탈레이트	• 용도: 플라스틱 가소제나 연화제, 향수, 화장품, 식품용기의 잉크 인쇄, 알루미늄 호일, 가정용 바닥재, 목재 가공 등 • 동물실험 결과: 새끼 사망률 증가, 기형, 수컷의 전립선 중량 감소 • 인체: 생식능력 저하, 암 유발, 내분비계 장애 유발 가능 • 지용성인 프탈레이트는 플라스틱 식품용포장재, 포장용기, 알루미늄 호일로부터 버터, 마가린, 치즈, 초콜릿, 피자, 햄버거 등 유지 식품으로 이행되어 오염시키므로 용기나 포장재 선택 시 주의 • 프탈레이트 중 폴리에틸렌테레프탈레이트(PET)는 안전성이 인정되어 탄산음료 병으로 여러 국가에서 식품포장재로 널리 사용
트리뷰틸주석(TBT)	• 주석화합물로 선박에 부착생물 붙는 것 방지(주석화합물) • 굴, 홍합 등 생산량 감소 → 암컷에 수컷 생식기관이 생김(임포섹스) • 인체: 적은 양(호흡 곤란 및 피부에 이상증세), 고농도(신경장애) • 사용 금지: 외국(1980년대 초), 우리나라(2002년 이후)
디클로로디페닐 트리클로로에탄 (DDT)	• 강력한 살충제 • 발암, 면역력 저하, 백혈구 과립 감소 • 사용 금지: 우리나라(1979년 이후) • 문제점: 제조 금지 후에도 토양에 잔류 → 대기, 물, 생물을 통해 농축

1. 최근 들어 급증하고 있는 니트로사민, 트랜스지방(산), 벤조피렌, 아크릴아미드, 벤젠, 에틸카바메이트, (초)미세먼지 등의 신종유해물질이 생성되는 경로를 살펴보고, 이로 인한 피해를 줄일 수 있는 방법을 조사해보자.

2. 환경호르몬과 생체호르몬의 차이점을 찾아보고, 널리 알려진 환경호르몬의 종류와 이들이 유발하는 문제점을 조사해보자.

12

다양한 먹거리 정보

섭취하는 먹거리의 안전성을 보장하고, 문제가 발생했을 때 신속한 조치가 이루어지려면 소비자들이 먹거리에 대해 정확한 지식을 가지고 있어야 한다. 오늘날은 지구온난화, 엘니뇨 등의 기후 변화로 식재료의 수확량 감소나 가공제품의 저장 중 품질 저하로 인한 식중독 사고가 많이 일어나고 있다. 이에 따라 새로운 가공기술(방사선조사기술, 유전자변형기술 등)을 꾸준히 도입하고 있지만, 이러한 최신 기술에 대한 소비자의 불안감도 커지고 있다. 최근에는 건강에 대한 관심이 증폭되면서 건강기능식품의 매출액 규모가 급증하고 있지만 정확한 복용법이나 주의사항 등을 숙지하지 않고 무분별하게 섭취하면서 생긴 부작용으로 인해 오히려 건강에 악영향을 끼치는 경우도 있다.

이에 식품의약품안전처는 다양한 먹거리 관련 법률을 제정·공포하고 꾸준한 개정·보완을 통해 기존 먹거리와 새로운 먹거리에 대한 내용을 소비자가 정확히 알고 소비할 수 있도록 품질인증제도, 이력추적관리제도, GAP(Good Agricultural Practices) 등을 도입하여 시행하고 있다. 또 가공식품에 대해서는 용기나 포장에 영양표시제와 신선도 관련 정보를 반드시 표시하게 하여 소비자의 알 권리를 보장하고 있다.

이 장에서는 소비자가 반드시 알아야 할 각종 먹거리 관련 기술 및 정보를 현재 정부 관련 부처에서 시행하고 있는 내용을 기반으로 하여 살펴보고자 한다.

1. 최신 먹거리 정보를 알아볼까?

1) 농식품 인증제 및 친환경 농축산식품

식생활을 위협하는 요인에 대한 설문조사 결과, 우리나라 국민은 잔류 농약과 식품첨가물을 가장 우려하는 것으로 나타났다. 잔류 농약은 농작물에 고농도로 살포된 농약이 잔류된 경우와 토양이나 수질로 방출되었던 농약이 동식물의 체내로 재유입되어 오염되는 경우로 나누어지는데, 두 경우 모두 인체 내에서 쉽게 분해되지 않고 축적되어 심각한 결과를 초래한다. 이에 따라 정부는 국민이 농식품을 안심하고 소비할 수 있도록 2012년 1월 1일부터 농식품 인증표지제를 도입·시행하였다. 이를 통해 소비자는 제품에 표시된 로고만 보고도 무엇이 국가

표 12-1 **농식품 인증정보***

종류		인증표시	종류		인증표시
친환경농축산물 인증 제도	유기농산물 및 유기축산물	유기농 (ORGANIC) 농림축산식품부	농산물 우수관리제도 (GAP**)	우수관리농산물	GAP (우수관리인증) 농림축산식품부
		유기농산물 (ORGANIC) 농림축산식품부	우수식품 인증제도	전통식품 품질인증	전통식품 (TRADITIONAL FOOD) 농림수산식품부
		유기축산물 (ORGANIC) 농림축산식품부		가공식품 KS인증***	KS 가공식품
		유 기 (ORGANIC) 농림축산식품부	농산물 이력추적관리제도	농산물 이력추적관리	Traceability 이력추적 농림축산식품부
	유기가공식품	유기가공식품 (ORGANIC) 농림축산식품부	지리적표시제	지리적표시 농산물	지리적표시 (PGI) 농림수산식품부
	무농약농산물	무농약 (NON PESTICIDE) 농림축산식품부	술 품질인증제도	술 품질인증	품질인증 ^Z KOREAN LIQUOR QUALITY CERTIFICATION (가형)
	무농약원료 가공식품	무농약원료 가공식품 (NON PESTICIDE FOODS) 농림축산식품부			품질인증 ^Z KOREAN LIQUOR QUALITY CERTIFICATION 100% 국내산 (나형)
	무항생제 축산물	무항생제 (NON ANTIBIOTIC) 농림축산식품부			

* 단일 형태로 된 '초록색 사각표지'의 통합로고(한글 및 영어)는 '태극'과 '국새' 모양을 나타낸 것임.

** GAP(Good Agricultural Practices): 농산물 우수관리인증제

*** KS(Korean Industrial Standards): 한국산업표준

자료: 국립농산물품질관리원.

가 인증하는 좋은 품질의 안전한 농식품인지 알 수 있게 되었다. 또 소비자의 알 권리 보장 및 공정 거래를 위해 2010년 2월부터는 일반음식점, 휴게음식점, 단체급식 영업시설(위탁 급식 포함) 및 농수산물 가공 관련 종사자를 대상으로 농수산물 및 그 가공품의 원산지표시제를 의무로 시행하고 있다(표 12-1).

농약은 크게 살충제, 살균제, 제초제로 구분되며 사용 용도에 따른 농약성분에 의해 유기인제, 유기염소제, 카바메이트제, 유기수은제, 유기불소제로 나누어진다. 또 농약에 대한 성분 분석법이 발달하여 국내산뿐만 아니라 수입산 식재료 및 완제품에 대해서도 잔류 농약 검사를 철저히 하게 되면서 독성을 가진 농약 사용이 금지되었다. 비록 일부 식재료에서 농약 또는 중금속 등의 유해물질이 검출되면서 소비자들을 불안하게도 하지만, 식품의약품안전처는 실태 조사를 통해 취급하는 식재료나 가공식품이 대체로 안심할 수 있는 수준이라고 발표하였다.

일반적으로 농산물을 재배할 때는 인산, 칼륨 등 다양한 성분이 필요하다. 이러한 성분을 화학적으로 합성하여 만든 농약(비료)을 유기합성농약이라 하고, 천연물에서 유래하여 만든 것을 퇴비라고 부른다. 전자는 농산물에 대한 효과가 빠르게 나타나는 속효성이고, 후자는 작물환경 및 토양 개선효과가 우선하므로 농산물에 대한 효과가 느린 지효성이다.

안심 먹거리인 친환경 농산물은 식품인증제가 도입되면서 유기농 농산물과 무농약 농산물로 구분하였고, 축산물은 무항생제 축산물을 따로 구분하였다. 이 중에서 유기농 농산물은 3년 이상 유기합성 농약과 화학비료를 사용하지 않은 땅에서 재배되어 껍질째 먹어도 안심할 수 있는 먹거리를 뜻하는 것으로, 일반 농산물 기준 0.05%까지만 농약 사용이 허용된다. 무농약 농산물의 경우에는 유기합성 농약은 사용하지 않고 화학비료를 사용기준의 1/3까지 사용할 수 있다. 무항생제 축산물은 항생제나 항균제를 사용하지 않고 일반 사료로 사육한 축산물을 말한다.

2) 건강기능식품

최근 교통수단의 발달이나 심각한 기후 변화 등으로 이미 알려진 조류 인플루엔자(AI)나 MERS 외에도 여러 신종인플루엔자 등이 발현하였고 특히 2020년 초기부터 현재까지도 코로나19가 전 세계인들에게 경각심을 불러일으키고 있다. 또한 고령화의 영향으로 건강, 특히 면

표 12-2 건강기능식품의 유형

허가 유형	특징	사례
고시형	• 공전에 기재된 기능성이 충분히 입증된 제품 • 독점권 없음	홍삼, 비타민, 프로바이오틱스 유산균 등
개별인정형	• 공전에 기재되어있지 않아 반드시 식품의약품안전처장에게 안전성과 기능성을 개별적으로 심의받아야 하는 제품 • 승인받은 업체만 독점권을 보유하여 제품을 제조·판매할 수 있음	백수오, 헛개나무, 당귀혼합추출물 등

역기능 증진에 대한 관심이 급증하고 있다. 보고된 자료에 의하면, 최근에는 건강기능 관련 제품의 생산 규모가 국내 제조업 총 생산 성장률보다 3배 이상 높은 수치를 보였는데, 앞으로도 소비량이 꾸준히 증가할 것으로 예상된다.

건강기능식품이란 인체에 영양소 조절 또는 생리학적 작용과 같은 유용한 효과를 나타내도록 기능성 원료나 성분(동물·식물·미생물·물 등)을 사용하여 다양한 제형(정제·캡슐·환·과립·액상·분말·편상·페이스트·시럽·겔·젤리·바·필름)로 제조하거나 가공한 식품이다(건강기능식품법 제3조). 최근에는 단백질의 원재료로 갈색거저리유충이나 쌍별귀뚜라미 등의 새로운 식용곤충도 추가되었다(식품의약품안전처, 2017). 건강기능식품의 기능성 원료 성분은 인체의 신경계, 감각계, 소화계, 심혈관계, 내분비계, 생식계, 비뇨계, 근육계, 면역계, 등 각 기관의 건강 유지 및 생리기능 활성화로 건강유지 및 개선에 도움을 주는 것으로 효능이 입증되고 있다. 그림 12-1은 인체의 구조 및 기능으로 나타낸 건강기능식품 기능별 정보를 보여주는데 식품의약품안전처에 들어가 각각의 기능성을 조회하면 건강정보와 함께 기능성원료와 기능성원료로 개발된 제품정보까지 확인할 수 있다.

식품의약품안전처는 동물실험, 인체적용시험 평가를 거쳐 기능성과 안전성을 인증받은 건강기능식품(제품)에 인증마크(그림 12-2)를 부여하고, 이 표시를 반드시 제품에 부착하게 하여 허위·과장 과대광고에 현혹되지 않도록 하며, 의약품이 아니라 건강에 보조기능만을 제공하는 제품이라는 사실을 인식시키고 있다. 따라서 시판되는 건강기능식품의 용기나 포장에는 다음과 같은 6가지 사항을 필요에 따라 표시해야 한다.

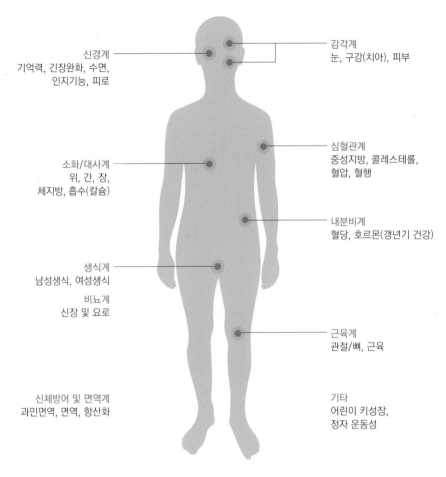

그림 12-1 인체의 구조 및 기능으로 표시한 건강기능식품의 기능성

자료: 식품안전나라(https://www.foodsafetykorea.go.kr).

- 건강기능식품이라는 문자 또는 도형
- 기능성분 또는 영양소 또는 영양권장량에 대한 비율
- 섭취량 및 섭취방법 및 주의사항
- 소비기한 및 보관방법
- 질병의 예방 및 치료를 위한 의약품이 아니라는 내용의 표현
- 그 밖에 식품의약품안전처장이 정하는 사항 등

또한 건강기능식품도 다른 식재료처럼 '건강기능식품 이력추적관리제도'를 시행하여 질 좋고 안전한 제품의 유통 및 판매를 유도하여 국민 건강에 이바지하고 있다.

그림 12-2 **건강기능식품 인증마크**
자료: 식품의약품안전처

《건강기능식품공전》에는 영양소별과 기능성 원료별(표 12-3)로 개별기준과 규격이 엄격히 정해져 있다. 건강기능식품 제조에 사용할 수 없는 원료도 표시되어있다.

표 12-3 **건강기능성에 따른 건강기능식품의 기능성 원료**

인체 기관 및 건강 기능성		건강기능성 원료
신경계	기억력 개선	홍삼, 은행잎 추출물, EPA 및 DHA 함유유지
	긴장 완화	테아닌, 유단백가수분해물
	수면 질 개선	L-글루탐산발효 가바분말, 감태추출물, 미강주정추출물, 아쉬아간다 추출물(Shoden®), 유단백가수분해물(락티움)
	인지능력 개선	포스파티딜세린
	피로 개선	인삼, 매실추출물, 홍경천추출물, 홍삼
감각계	눈 건강	EPA 및 DHA 함유 유지, 마리골드꽃 추출물, 헤마토코쿠스 추출물, 빌베리 추출물
	치아 건강	자일리톨
	피부 건강	NAG, 곤약감자추출물, 스피루리나, 알로에 겔, 엽록소함유 식물, 클로렐라, 포스파티딜세린, 히알루론산
소화·대사계	위 건강 개선	꾸지뽕잎추출물, 매스틱 검, 비즈왁스알코올, 스페인감초추출물, 아티초크 추출물, 연어이리추출물(PRP연어핵산), 인동덩굴꽃봉오리추출물(그린세라-F), 작약추출물등복합물(HT074), 증숙생강추출분말(GGE03)
	간 건강	밀크씨슬(엉겅퀴 종류) 추출물, 헛개나무 추출물, 표고버섯균사체 추출물
	장 건강	구아검/구아검가수분해물, 글루코만난(곤약, 곤약만난), 대두식이섬유, 난소화성말토덱스트린, 라피노스, 목이버섯식이섬유, 밀식이섬유, 보리식이섬유, 분말한천, 아라비아검(아카시아검), 알로에 겔, 알로에 전잎, 이눌린/치커리추출물, 차전자피식이섬유, 폴리덱스트로스, 프락토올리고당, 프로바이오틱스
	체지방 감소	히비스커스 복합추출물 등, 가르시니아캄보지아 추출물, 공액리놀레산, 녹차추출물, 키토산/키토올리고당
	칼슘 흡수	프락토올리고당, 폴리감마글루탐산

(계속)

심혈관계	혈중중성지방 개선	EPA 및 DHA 함유 유지, 난소화성말토덱스트린
	콜레스테롤 개선	감마리놀렌산 함유 유지, 구아검/구아검가수분해물, 녹차추출물, 식이섬유(귀리, 대두, 옥수수겨, 차전자피), 글루코만난(곤약, 곤약만난), 대두단백, 레시틴, 마늘, 스피루리나, 식물스테롤/식물스테롤에스테르, 이눌린/치커리추출물, 클로렐라, 키토산/키토올리고당, 홍국
	혈압조절	코엔자임Q10, 정어리펩타이드, 가쓰오보시올리고펩타이드, 올리브잎추출물, 카제인 가수분해물, L-글루타민산 유래 GABA 함유 분말, 해태올리고 펩타이드
	혈행 개선	EPA 및 DHA 함유유지, 감마리놀렌산 함유유지, 영지버섯자실체 추출물, 은행잎 추출물, 홍삼
내분비계	혈당 조절	구아검/구아검가수분해물, 구아바잎, 난소화성말토덱스트린, 식이섬유(귀리, 대두, 밀, 옥수수겨, 호로파종자), 바나바잎 추출물, 달맞이꽃종자 추출물, 이눌린/치커리추출물
	갱년기건강(호르몬)	홍삼, 회화나무열매추출물, 백수오 등 복합추출물, 석류추출물, 오미자추출물
근육계	관절 뼈 건강	NAG, 글루코사민, 대두이소플라본, 뮤코다당단백, 엠에스엠(MSM), 인삼
	근력과 운동수행능력	크레아틴 함유물질, L-카르니틴 타르트레이트, 동충하초 발효 추출물, 오미자추출물, 헛개나무과병추출분말,
신체방어및면역계	과민피부상태개선	감마리놀렌산 함유 유지
	면역기능강화	상황버섯추출물, 알로에 겔, 알콕시글리세롤 함유 상어간유, 인삼, 홍삼, 클로렐라,
	활성산소감소 (항산화)	녹차추출물, 스쿠알렌, 스피루리나, 엽록소함유 식물, 코엔자임Q10, 클로렐라, 토마토추출물, 프로폴리스추출물, 홍삼
비뇨계	요로 건강	크랜베리추출물, 파크란 크랜베리분말, 호박씨추출물 등 복합물
생식계	전립선 건강	쏘팔메토 열매 추출물
	질 건강 개선	감마리놀렌산 함유 유지
기타	어린이 키 성장	황기추출물 등 복합물
	정자운동성 개선	마카 젤라틴화 분말

자료: 식품안전나라(https://www.foodsafetykorea.go.kr).

그러나 일부 제품이나 원료의 경우 섭취 대상별(연령별·성별 또는 환자 등), 병용 음식별 또는 과량 섭취 시 문제점도 유발될 수 있다. 건강기능식품의 안전한 섭취방법은 다음과 같다(식품의약품안전처, 2023).

- 제품 뒷면에 표기된 기능성을 확인하여 나에게 꼭 필요한 기능성을 가진 제품을 섭취한다.
- 건강기능식품에 표기된 '섭취 시 주의사항'을 충분히 숙지하고 오남용의 위험을 조심하되

섭취량과 섭취방법을 지킨다.

- 예상하지 못한 부작용이 초래되지 않도록 여러 가지 제품을 동시에 섭취하지 않는다.
- 건강 취약자(어린이, 임산부, 노인층 또는 환자)는 섭취 전 의사와의 상담을 통해 섭취한다.
- 해외 제품 구매 시에는 한글 표시 사항을 살펴 국내 판매용으로 정식 통관 검사를 거친 제품을 섭취한다.

3) 방사선 조사식품

방사선 조사식품이란 과일과 채소의 발아 억제나 숙도 조절, 식중독 억제를 위한 살균, 기생충 및 해충의 사멸 등을 위하여 이들을 높은 에너지의 전자기파로 처리한 식품이다. 방사선은 우리가 흔히 사용하는 전자레인지의 마이크로파와 같은 부류로, 조사 후 식품에 잔류하지 않는다. 방사선 소스는 다양한 종류가 있지만 식품 조사용으로 감마(γ)선, 전자선 및 엑스(X)선이 허용되어 있다.

1976년 세계보건기구(WHO), 식량농업기구(FAO), 국제식품규격위원회(CODEX), 국제원자력기구(IAEA), 미국 식품의약품안전처(FDA) 및 미국 농무성(USDA) 등 세계적인 공인기구에서는 50여 년간의 연구 결과를 토대로 하여 식품 방사선 조사기술에 대한 보존성효과 및 안전성을 인정하고 그 사용을 허가하고 있다. 지금은 50여 개 나라에서 다양한 식품에 방사선 조사기술을 활용하고 있으며, 우주식품 개발에도 이를 사용하고 있다.

우리나라에서는 1987년에 최초로 ^{60}Co에서 방출된 감마선을 감자, 양파, 마늘, 버섯과 같은 신선식품에 조사하였다. 이후 그 사용 용도를 늘려 생채소, 고춧가루와 같은 건조 향신료, 조미식품, 건조 분말류(된장이나 고추장 분말 등), 난분, 복합조미식품, 소스류, 다류, 인삼(홍삼)류, 환자식 등 26개 품목을 대상으로 사용 용도에 따라 조사하는 방사선량(0.15~10 kGy 이하)을 달리하여 허용하고 있다(식품의약품안전처, 2014). 식품조사기술의 장점은 다음과 같다.

- 영양성분의 손실 및 미생물학적 변화를 최소화하여 최종적으로 저장기간을 늘린다.
- 식품 표면에 존재하는 유해 미생물만 사멸시킬 수 있는 조사선량을 허용하여, 처리 후 식품이나 원료 물질의 내부온도 변화가 거의 없고, 향미나 질감 같은 관능적 특성의 변화가 적다.

- 기존의 식품 저장 및 가공기술에 비해 단시간에 고에너지 방사선을 조사하므로 오히려 에너지 소모량이 적다.

아울러 살짝 익혀 먹는 식품에서도 충분한 살균효과를 나타내는 등 더욱 다양한 종류의 가공식품이나 원료 식재료가 등장하게 되었다.

우리나라는 2010년부터 방사선 조사식품(26종)에 대한 소비자의 알 권리 보장을 위해 완제품 또는 원료물질에 대해 방사선 처리 여부를 확인 가능하도록 조사식품표시 제도를 도입하고 의무화하였다. 완제품에는 포장에 그림 12-3의 도안을 표시하고, 재료 중 방사선 처리된 것이 있을 때는 "양파(방사선조사)", "방사선조사마늘" 등과 같이 기입하도록 하였다. 아울러 법에는 조사식품에 대한 기준 및 규격 또는 방사선 처리 상황에 따른 표기법을 상세히 기록하였다. 그러나 많은 소비자들이 원전 사고의 여파로 여전히 인체에 유해한 방사능물질 오염식품과 인체에 무해한 방사선 조사식품의 차이를 충분히 인식하지 못하여 이에 대한 불안감을 완전히 떨쳐내지 못하고 있어 식품의약품안전평가원에서는 대국민 홍보를 통해 조사식품의 안전성을 꾸준히 알리고 있다(식품의약품 안전평가원, 2015).

그림 12-3 **방사선조사식품의 국제 통용 마크**

현재 국내생산 유통식품의 방사능 안전관리는 식약처, 농식품부, 해수부, 지자체에서 수행하고 있으며 식품 등의 기준 및 규격에 따라 다소비품목(농축수산물, 가공식품)을 대상으로 방사능 검사(요오드, 세슘)를 실시하고 기준치 이하 미량 검출된 경우에는 스트론튬과 플루토늄을 추가 검사하고 있다. 수입식품에 대해서도 품목이나 생산국에 따라 검사빈도를 적용하며 방사능 검사로 기준치 이내 적합한 식품만 수입하고 있다(식품의약품안전처, 2023).

4) 유전자변형식품

유전자변형식품(GMO)이란 생산성과 품질 향상을 위하여 재배환경 개선(해충관리, 제초제 저항 등)이나 영양성분 강화 등과 같은 유리한 특성만 띠도록 식품의 유전자를 유용하게 변형(재조합)한 후 표적 생물체에 삽입하여 단시간에 새롭게 만드는 농축수산물이다. 지금까지 21

개 작물, 113개 이상의 품종이 개발되었다.

이렇게 생산된 유전자변형식품 농산물로는 전 세계적으로 콩, 옥수수, 면화, 카놀라가 대부분이며 사탕무, 알팔파, 감자, 파파야, 사과 등도 개발되어있는데, 이것을 원료로 만든 가공품 또한 유전자변형식품을 사용했을 가능성이 크다. 현재 우리나라에서 안전성 심사를 통해 식품용으로 승인된 유전자변형 농산물은 6개(대두, 옥수수, 면화, 카놀라, 사탕무, 알팔파)의 190품종, 미생물 9품종, 식품첨가물 31품종이다(식품안전나라, 2023).

우리나라는 아직 유전자변형 농산물의 재배가 허용되지 않으며, 특히 곡물 자급률이 매우 저조하여 승인된 유전자변형농산물과 그 가공식품(싹을 틔워 기른 콩나물, 새싹채소, 카놀라유, 설탕 등 포함)의 상당량을 유전자변형식품으로 수입하고 있다(식품의약품안전처, 2017). 2015년도 자료에 의하면 수입 유전자변형식품의 70%가 옥수수와 대두제품이었다. 지금껏 관련된 가공제품으로는 옥수숫가루나 콩가루를 이용한 각종 가공품들, 과자류, 빵류, 떡류, 두부류, 두유류, 장기보존식품, 장류, 조림식품, 옥수수 전분, 조림식품, 승인된 유전자변형 농산물을 이용한 식품 및 건강기능식품, 식품첨가물, 이를 이용한 새싹채소 등으로 우리 식생활에서 광범위하게 사용되고 있다(유전자변형 농수산물의 표시 및 농수산물의 안정성 조사 등에 관한 규칙, 2023). 과거에는 유전자변형 감자도 안전성 심사에서 승인되었으나 지금은 상업화가 중단되어 유통 및 판매가 되지 않아 패스트푸드점 등에서 판매되는 프렌치프라이에는 유전자변형 감자가 혼입되지 않는다(식품안전나라 참조).

한편, 여러 동물실험에서 유전자변형식품에 대한 부정적인 결과가 도출되어 인체에 대한 유해성의 개연성을 짐작할 수 있다. 이에 따라 식품의약품안전처에서는 유전자변형식품에 대한 국민의 불안감을 해소하고, 소비자의 알 권리와 선택권을 보장하기 위해 유전자변형식품표시기준을 법(식품위생법 제12조의2, 건강기능식품에 관한 법률 제17조의2, 식품 등의 표시·광고에 관한 법률 제4조의1, 농수산물 품질관리법 제2조 제11호)으로 규정하고 있으며 2017년 2월부터는 의무표시제를 시행하고 있다. 표시기준을 살펴보면 다음과 같다.

- 표시 대상 농산물 및 이를 함유한 식품은 식품위생법 제18조에 따른 안전성이 승인된 품목만 해당(수입·유통·판매 허용)한다.
- 다음의 경우는 반드시 GMO 표시를 하도록 규정되어 있다.
  - 농산물 및 수축산물에서 식약처가 식용으로 승인한 GM 농산물(대두, 옥수수, 카놀라, 면화, 사탕무, 알팔파)

- 유전자변형농축수산물을 원재료로 사용하여 제조·가공 후에도 유전자변형 DNA 또는 유전자변형 단백질이 남아있는 식품(가공식품) 또는 식품첨가물, 건강기능식품
- 소비자가 알아볼 수 있도록 해당 제품의 주표시면에 '유전자변형식품(또는 식품첨가물 또는 건강기능식품)', '유전자변형 ○○포함 식품(또는 식품첨가물 또는 건강기능식품)'으로 표시하거나, 당해 제품에 사용된 원재료명 바로 옆에 괄호로 '유전자변형' 또는 '유전자변형된 ○○' '유전자변형 ○○(품목명) 포함 가능성 있음' 등으로 상황에 맞게 표시하도록 하였다.

유전자변형식품표시 대상 기준에서 제외되는 경우

유전자변형식품 중에는 다음과 같이 표시 대상 기준에서 제외되는 경우가 있는데 이로 인해 소비자들이 불안해할 수 있어 추후 이해 당사자 간의 지속적인 논의를 통한 사회적 합의가 필요하다(식품의약품안전처, 유전자변형식품 등의 표시기준, 2019).

- 유전자변형농산물 내에 비의도적으로 혼입되는 상황을 고려하여 유전자변형이 아닌 농산물에 유전자변형농산물이 비의도적으로 3% 이하 혼입된 경우에는 표시 대상에서 제외한다.
- 가공 후 고도의 정제과정으로 유전자변형 DNA 또는 단백질이 전혀 남아있지 않아 검사가 불가능한 품목(당류, 식용유, 변성전분, 간장, 주류) 등은 유전자변형식품표시에서 제외하는 것으로 인정한다.

---

2. 안전한 식품 정보를 알아볼까?

1) 영양표시제

식품의약품안전처는 2007년에 식품의 영양표시기준 관련법이 제정된 후 지속적으로 개정 및 보완을 통해 소비자가 식품의 영양성분 정보를 쉽게 이해하고 활용하도록 표시단위나 도안 등의 표시기준 정보를 정확히 제공하고 제품 품질 향상에 기여하도록 하고 있다. 2022년 6월에 개정된 식품 등의 표시기준에 따른 관련 용어는 표 12-4에 제시하였다.

표 12-4 **식품의 영양표시제에 따른 용어**

용어	설명
영양성분표시	제품의 일정량에 함유된 영양성분의 함량을 표시
영양강조표시	제품 함유 영양성분의 함유 정도를 특정 용어[무, 저, 고(또는 풍부), 강화, 첨가, 감소 등]로 표시
영양성분 함량강조표시	영양성분의 함유 사실(또는 정도)을 특정 표현[무○○, 저○○, 고○○, ○○함유(또는 급원) 등]으로 그 영양성분의 함량을 강조하여 표시
영양성분 비교강조표시	영양성분의 함유 사실(또는 정도)을 특정 표현(덜, 더, 라이트, 감소, 강화, 첨가 등)으로 같은 유형의 제품과 비교하여 표시
주 표시면	용기·포장의 표시면 중 상표, 로고 등이 인쇄되어있어 소비자가 쉽게 알아볼 수 있는 면
정보표시면	용기·포장의 표시면 중 소비자가 쉽게 알아볼 수 있도록 표시사항을 모아서 표시하는 면

영양표시제는 용기 포장에서 영양표시제에 따른 표시사항을 식품 등에 표시하도록 규정한 사항으로, 여기에는 제품명, 식품의 유형, 업소명 및 소재지, 제조연월일, 소비기한 또는 품질유지기한, 내용량 및 내용량에 해당하는 에너지, 원재료명, 성분명 및 함량, 영양성분 등이 포함된다(그림 12-4, 12-5).

영양표시 대상 식품은 저장이 가능한 대부분의 가공식품, 특수영양식품, 특수의료용도식품, 건강기능식품이 해당한다(식품 등의 표시·광고에 관한 법률 시행규칙, 2021). 대상 식품에 표시하는 영양성분에는 열량, 나트륨, 탄수화물, 당류, 지방, 트랜스지방, 포화지방, 콜레스테롤, 단백질, 기타 영양강조표시를 원하는 성분(무기질, 비타민, 식이섬유)이 포함된다. 이때 표시 대상 식품은 열량(kcal), 트랜스지방(g)을 제외하고 나머지 성분은 표 12-5에 주어진 '1일 영양성분 기준치'에 대한 비율(%)과 함량(g 또는 mg)을 병행 표기한다. 소비자가 자주 접하게 되는 시판제품의 영양성분 표시서식도안은 3가지 형태[총 내용량(1포장)당, 100 g(mL)당, 단위 내용량당]가 있고 여러 종류의 표식도안도 시판용 제품에서 확인할 수 있다(그림 12-6).

PART 4
건강한 식생활 정보

그림 12-4 **용기·포장의 주 표시면 및 용기표시면 예시**

자료: 식품의약품안전처. 식품 등의 표시·광고에 관한 법률(2022).

제품명	○○○ ○○	• (예시) 이 제품은 ○○○를 사용한 제품과 같은 시설에서 제조
식품 유형	○○○(○○○○○○*)	
업소명 및 소재지	○○식품, ○○시○○구○○로 ○○길○○	• (타법 의무표시사항 예시) 정당한 소비자의 피해에 대한 교환, 환불
소비기한	○○년○○월○○일까지	
내용량	○○○ g	• (업체 추가표시사항 예시) 서늘하고 건조한 곳에 보관
원재료명	○○, ○○○○, ○○○○○○, ○○○○○, ○○, ○○○○○ ○○, ○○○, ○○○○○	• 부정·불량식품 신고: 국번없이 1399
	○○*, ○○○*, ○○* 함유 (*알레르기 유발물질)	• (업체 추가표시사항 예시) 고객상담실: ○○○-○○○-○○○○
성분명 및 함량	○○○(○○ mg)	
용기(포장)재질	○○○○○	영양성분*
품목보고번호	○○○○○○○○○○○-○○○	(주 표시면 표시 가능)

그림 12-5 **정보표지면의 표시사항 서식도안 예시**

자료: 식품의약품안전처. 식품 등의 표시·광고에 관한 법률(2022).

표 12-5 1일 영양성분 기준치*

영양성분	기준치(단위)	영양성분	기준치	영양성분	기준치
탄수화물	324 g	비타민 E**	11 mgα-TE	인	700 mg
당류	100 g	비타민 K	70 μg	나트륨	2,000 mg
식이섬유	25 g	비타민 C	100 mg	칼륨	3,500 mg
단백질	55 g	비타민 B₁	1.2 mg	마그네슘	315 mg
지방	54 g	비타민 B₂	1.4 mg	칠분	12 mg
리놀레산	10 g	나이아신	15 mg NE	아연	8.5 mg
알파-리놀렌산	1.3 g	비타민 B₆	1.5 mg	구리	0.8 mg
EPA와 DHA의 합	330 mg	엽산	400 μg DFE	망간	3.0 mg
포화지방	15 g	비타민 B₁₂	2.4 μg	요오드	150 μg
콜레스테롤	300 mg	판토텐산	5 mg	셀레늄	55 μg
비타민 A**	700 μg RAE	바이오틴(비오틴)	30 μg	몰리브덴	25 μg
비타민 D**	10 μg	칼슘	700 mg	크롬	30 μg

* 식품표시에서 사용하는 영양성분의 평균적인 1일 섭취 기준량은 2,000kcal를 섭취하는 성인을 기준으로 정함.

** Vit A, Vit D, Vit E는 기준치 표에 따른 단위로 표시하되 괄호 안에 IU단위로 표시 가능.

자료: 식품 등의 표시·광고에 관한 법률 시행규칙 [별표 5] (2022).

총 내용량(1포장)당 | 100 g(mL)당 | 단위 내용량당

영양정보
총 내용량 00g
000kcal

총 내용량당	1일 영양성분 기준치에 대한 비율
나트륨 00mg	00%
탄수화물 00g	00%
당류 00g	00%
지방 00g	00%
트랜스지방 00g	
포화지방 00g	00%
콜레스테롤 00mg	00%
단백질 00g	00%

1일 영양성분 기준치에 대한 비율(%)은 2,000kcal 기준이므로 개인의 필요 열량에 따라 다를 수 있습니다.

영양정보
총 내용량 00g
100g당 000kcal

100g당	1일 영양성분 기준치에 대한 비율
나트륨 00mg	00%
탄수화물 00g	00%
당류 00g	00%
지방 00g	00%
트랜스지방 00g	
포화지방 00g	00%
콜레스테롤 00mg	00%
단백질 00g	00%

1일 영양성분 기준치에 대한 비율(%)은 2,000kcal 기준이므로 개인의 필요 열량에 따라 다를 수 있습니다.

영양정보
총 내용량 00g(00g×0조각)
1조각(00g)당 000kcal

1조각당	1일 영양성분 기준치에 대한 비율
나트륨 00mg	00%
탄수화물 00g	00%
당류 00g	00%
지방 00g	00%
트랜스지방 00g	
포화지방 00g	00%
콜레스테롤 00mg	00%
단백질 00g	00%

1일 영양성분 기준치에 대한 비율(%)은 2,000kcal 기준이므로 개인의 필요 열량에 따라 다를 수 있습니다.

기본형

총내용량(1 포장)당 | 100g(mL)당 | 단위 내용량당

영양정보
총 내용량 00g
000kcal

총 내용량당	1일 영양성분 기준치에 대한 비율		
나트륨 00mg			00%
탄수화물 00g			00%
당류 00g			00%
지방 00g			00%
트랜스지방 00g			
포화지방 00g			00%
콜레스테롤 00mg			00%
단백질 00g			00%

1일 영양성분 기준치에 대한 비율(%)은 2,000kcal 기준이므로 개인의 필요 열량에 따라 다를 수 있습니다.

영양정보
총 내용량 00g
100g당 000kcal

100g당	1일 영양성분 기준치에 대한 비율		
나트륨 00mg			00%
탄수화물 00g			00%
당류 00g			00%
지방 00g			00%
트랜스지방 00g			
포화지방 00g			00%
콜레스테롤 00mg			00%
단백질 00g			00%

1일 영양성분 기준치에 대한 비율(%)은 2,000kcal 기준이므로 개인의 필요 열량에 따라 다를 수 있습니다.

영양정보
총 내용량 00g(00g×0조각)
1조각(00g)당 000kcal

1조각당	1일 영양성분 기준치에 대한 비율		
나트륨 00mg			00%
탄수화물 00g			00%
당류 00g			00%
지방 00g			00%
트랜스지방 00g			
포화지방 00g			00%
콜레스테롤 00mg			00%
단백질 00g			00%

1일 영양성분 기준치에 대한 비율(%)은 2,000kcal 기준이므로 개인의 필요 열량에 따라 다를 수 있습니다.

그래픽형

그림 12-6 영양성분 표시서식도안 일부 예시
자료: 식품의약품안전처. 식품 등의 표시기준(2022).

2) 제조연월일, 소비기한 및 품질유지기한

식품의약품안전처는 기존에 표시하던 유통기한이나 품질유지기한 표시를 폐지하고 1년간의 준비(계도)기간을 거쳐 2023년 1월 1일부터 식품소비의 새로운 기준인 소비기한 표시제를 시

행하고 있다(식품의약품안전처, 식품 등의 표시기준, 2022). 유통기한은 제조일로부터 소비자에게 안전하게 유통 및 판매할 수 있는 기한을 의미하고, 소비기한은 식품에 표시된 보관 방법을 준수할 경우 안전하게 섭취할 수 있는 기한을 의미한다. 즉, 유통기한은 판매자 중심의 표시제라면 소비기한은 소비자 중심의 표시제이다.

그림 12-7 **식품별 유통기한과 소비기한 비교(예시)**
자료: 식품안전나라(2023).

식품의 맛과 품질의 급격한 변화가 일어나는 시점을 식품품질 한계기간으로 보고 그 기간의 60~70%는 유통기한으로, 그 기간의 80~90%는 소비기한으로 정하고 있다. 따라서 보관 방법을 잘 지키면 소비기한이 유통기한보다 길다(그림 12-7). 따라서 소비기한을 사용함으로써 소비자 혼란을 경감하고 식품 폐기물 감소로 인한 비용 절감을 유도하며 탄소중립 실현 및 식품산업의 경쟁력 강화로 경제적 이익 증대와 수출경쟁력 제고 효과를 기대할 수 있다.

소비기한 표시 대상 식품은 유통기한 표시 대상 식품과 마찬가지로 주로 건강기능식품과 가공식품이 해당하며 용기나 포장재에 '○○년○○월○○일까지'로 표시하게 하고 있다.

그 외 제조연월일(제조일)이란 포장을 제외한, 최종 단계의 제조나 가공이 이루어진 시점(포장 후 멸균 또는 및 살균과 같은 별도의 제조 공정을 거치는 제품은 최종 공정을 마친 시점)을 말한다. 이때 원료제품의 저장성이 변하지 않는 단순 가공 처리만 하는 제품은 이날을 원료제품의 포장시점을 제조연월일로 정하고, 캅셀(캡슐)제품은 충전 및 성형 완료시점을 제조연월일로 정한다. 소분 판매제품은 소분용 원료제품의 제조연월일을 판매제품의 제조연월일로 정한다.

품질유지기한은 식품의 특성에 적절한 보존방법이나 기준에 따라 보관할 경우, 해당 식품 고유의 품질이 유지될 수 있는 기한을 말한다.

표 12-6에는 식품 등의 표시기준(2022)에 따라 제조연월일, 소비기한 및 품질유지기한의 구체적인 표시방법이 제시되어있다(수입식품 포함). 이때 제조연월일, 소비기한 또는 품질유지기한을 주 표시면 또는 정보표시면에 표시하기 곤란하다면 해당 위치에 제조연월일, 소비기한

또는 품질유지기한의 표시 위치를 명시해야 한다.

표 12-6 제조연월일, 유통기한 및 품질유지기한의 구체적인 표시 규정

구분	규정
제조연월일 (또는 제조일)	"○○년○○월○○일", "○○.○○.○○", "○○○○년 ○○월○○일", "○○○○.○○.○○"으로 표시
소비기한	"○○년○○월○○일까지", "○○.○○.○○까지", "○○○○년○○월○○일까지", "○○○○.○○.○○까지", "소비기한: ○○○○년○○월○○일", "○○월○○일○○시 까지", "○○.○○. 00:00까지" 로 표시
	제조연월일을 사용하여 유통기한을 표시하는 경우: "제조연월일로부터 ○○일까지", "제조연월일로부터 ○○월까지", "제조연월일로부터 ○○년까지", "소비기한: 제조연월일로부터 ○○일"로 표시
품질유지기한	"○○년○○월○○일", "○○.○○.○○", "○○○○년○○월○○일", "○○○○.○○.○○"로 표시
	제조연월일을 사용하여 품질유지기한을 표시하는 경우: "제조연월일로부터 ○○일", "제조연월일로부터 ○○월", "제조연월일로부터 ○○년"으로 표시
표시방법이 국내산과 다른 수입식품	소비자가 알아보기 쉽도록 "연월일"의 표시순서를 예시하되 "연월"만 표시된 경우는 제품에 표시된 해당 "월"의 1일을 "일"로 표시

자료: 식품의약품안전처. 식품 등의 표시기준(2022).

1. 안전성이 인정되어 식품의약품안전처로부터 인증마크를 부여받아 시판되는 건강기능식품의 13가지 형태(정제, 캡슐, 환, 과립, 액상, 분말 등)를 제품별로 알아보자.

2. 시판되는 다양한 종류의 가공식품 또는 수입식품의 주 표시면(또는 정보표시면)에 제공된 영양성분 표시서식도안을 통해 각 제품에서 제공되는 영양성분의 비율(%)과 함량(g 또는 mg)을 알아보자.

3. 평소 자주 구입하는 가공식품이나 수입식품 10가지를 택하여 제품에 표시된 제조연월일, 소비기한 및 품질유지기한을 알아보자.

SUPPLEMENT

부록

PART 1 건강한 식생활의 기초

01 식생활의 중요성

매일의 식사 균형 체크 항목

항목		
□ 우유(요구르트 등 유제품 포함)는 1병 이상 마신다.	□ 예	□ 아니오
□ 달걀은 하루에 1개 섭취한다.	□ 예	□ 아니오
□ 생선·육류는 하루 2토막 섭취(한 토막은 70 g 정도 크기)한다.	□ 예	□ 아니오
□ 두부, 된장, 콩 종류를 섭취한다.	□ 예	□ 아니오
□ 채소요리를 2~3가지 섭취한다.	□ 예	□ 아니오
□ 감자류(감자, 고구마, 마 등)를 먹는다.	□ 예	□ 아니오
□ 미역, 다시마, 김 등의 해조류를 먹는다.	□ 예	□ 아니오
□ 과일은 하루 1개를 먹는다.	□ 예	□ 아니오
□ 아침식사는 반드시 한다.	□ 예	□ 아니오

평가('예'라고 응답한 항목 1개당 5점 배당)
- 40점 이상: 영양의 균형이 잘 잡혀 있음
- 39~30점: 영양 균형이 조금 기울어져 있음
- 29점 이하: 영양의 균형이 깨져 있음. 적극적으로 식생활을 개선하지 않으면 건강이 상하게 됨

식생활 자가 진단법

구분	항목	제1회 월 일	제2회 월 일	제3회 월 일
1	보통 결식할 때가 많다(1일 3식을 기준으로).			
2	식사시간은 불규칙할 때가 많다.			
3	식사시간을 할애하지 않고 빨리 먹을 때가 많다(10분 이내).			
4	식사 후 휴식을 거의 하지 않는다.			
5	음식물에 대한 편식이 심한 편이다.			
6	간식은 거의 매일 먹는다.			
7	과자나 단 음식을 잘 먹는다.			
8	저녁식사 후 취침 사이에 야식을 잘 먹는다.			
9	배부를 때까지 먹는다.			
10	과음할 때가 많다.			
11	밥을 하루에 평균 6공기 이상 먹고 있다(빵, 면류도 밥으로 환산해서 대답한다.).			
12	커피, 홍차(설탕 포함)는 매일 3잔 이상 마신다.			
13	과식할 때가 많다.			
14	음식물은 잘 씹지 않고 먹는 편이다.			
15	육·어류 및 가공품은 별로 먹지 않는다.			
16	우유는 거의 마시지 않는다.			
17	달걀은 거의 먹지 않는다.			
18	콩, 두부 등 대두 제품은 잘 먹지 않는다.			
19	당근, 시금치 등 녹황색 채소는 잘 먹지 않는다.			
20	일반적으로 채소를 싫어하는 편이다.			
21	과일은 별로 좋아하지 않아서 안 먹는다.			
22	다시마, 미역, 김 등 해조류는 거의 먹지 않는다.			
23	돈가스, 스테이크, 불고기 등은 좋아해서 잘 먹는다.			
24	버터, 라드 등 동물성 유지를 잘 먹는다.			
25	육류는 기름이 많은 부위를 잘 먹는다.			
26	연회 등에서 차린 음식을 먹을 기회가 많다.			
27	반찬은 기름지게 조미된 것을 좋아한다.			
28	커피·차 등을 마시면서 짭짤한 스낵과 과자를 함께 먹을 때가 많다.			
29	된장국은 하루에 세 그릇 이상 먹는다.			
30	식사는 김치, 장아찌, 젓갈 등으로 간단히 먹을 때가 많다.			
계	• ×의 수 ( ) • △의 수 ( ) • ○의 수 ( )			

※ 지도의 단계에 따른 개선 상황을 검토한다.
　① 제1회에는 해당하는 것에 모두 다 ×표를 해 주세요. 해당하지 않는 것에는 공란으로 비워두세요.
　② 제2~3회에서는 해당되는 것에 ×표, 약간 개선된 것에는 △표, 개선된 것에는 ○표를 해주세요.
자료: Manual of nutritional guidance(1989).

대한영양사회 '프로영양진단 98'의 식습관 진단표

1. 하루에 식사를 몇 회나 하십니까?
   ① 3회　　　　　　　② 2회　　　　　　　③ 1회　④ 불규칙하다

2. 아침식사를 제대로 하십니까?
   ① 꼬박꼬박 먹는다　　　② 가끔 불규칙하다　　　③ 먹지 않는다

3. 늘 일정한 시간에 식사를 하십니까?
   ① 일정한 시간에 먹는다　② 가끔 불규칙하다　　　③ 먹지 않는다

4. 식사 속도는 어떻습니까?
   ① 느린 편이다　　　　　② 보통　　　　　　　③ 빠른 편이다

5. 과식하는 경우가 있습니까?
   ① 거의 없다(주 0~1회)　② 가끔 있다(주 2~3회)　③ 자주 있다(주 1회 이상)

6. 곡류음식(밥, 빵, 국수, 감자, 고구마 등)을 하루에 몇 회 드십니까?
   ① 3회　　　　　　　② 2회　　　　　　　③ 1회 이하

7. 생선, 고기, 달걀, 콩, 두부 등으로 만든 반찬을 하루에 몇 회 드십니까?
   ① 3회　　　　　　　② 2회　　　　　　　③ 1회 이하

8. 채소류, 해조류, 버섯 등으로 만든 반찬을 하루에 몇 회 드십니까?
   ① 3회　　　　　　　② 2회　　　　　　　③ 1회 이하

9. 튀김, 전, 볶음 같은 음식이나 기름, 마요네즈를 사용한 음식을 하루에 몇 번 드십니까?
   ① 1회 이상　　　　　② 거의 먹지 않는다

10. 우유나 유제품(치즈, 플레인 요구르트)을 얼마나 드십니까?
    ① 거의 매일(1주일에 6~7일)　② 가끔(1주일에 3~5일)　③ 거의 안 먹는다(1주일에 0~2일)

11. 과일을 얼마나 드십니까?
    ① 거의 매일(1주일에 6~7일)　② 가끔(1주일에 3~5일)　③ 거의 안 먹는다(1주일에 0~2일)

12. 단음식(과자, 초콜릿, 꿀, 아이스크림, 청량음료, 설탕이 많이 들어있는 음식)을 많이 드십니까?
    ① 아니오　　　　　　② 예

13. 짠음식, 밑반찬, 젓갈류, 장아찌, 자반 등을 많이 드십니까?
    ① 아니오　　　　　　② 예

14. 기름이 많은 고기(삼겹살, 갈비), 가공식품(햄, 소시지), 생크림케이크, 버터 등을 많이 드십니까?
    ① 아니오　　　　　　② 예

15. 달걀 노른자, 어육류의 내장(간, 곱창), 오징어 등을 자주 드십니까?
    ① 아니오　　　　　　② 예

16. 술을 자주 드십니까?
    ① 아니오(1주일에 1회 이하)　② 보통(1주일에 2~3회)　③ 예(1주일에 1회 이상)

17. 1주일에 운동을 얼마나 하십니까?
    ① 1주일에 3회 이상　　② 1주일에 2회 이하

18. 담배를 피웁니까?
    ① 아니오　　　　　　② 예

※ 모든 문항의 답이 ①이 되도록 노력해야 한다.

PART 2 건강한 현재

04 청년기의 건강문제와 영양관리

섭식장애 자가 진단법

번호	진단항목
1	체중 증가에 대한 두려움이 매우 크다.
2	살을 빼야겠다는 생각에 지나치게 집착하고 있다.
3	자주 다이어트를 하며 항상 다이어트에 대한 생각이 떠나지 않는다.
4	체중이 늘면 쓸모없는 사람이라는 생각이 든다.
5	음식을 좋은 음식, 나쁜 음식(살찌는 음식)으로 구분하고 나쁜 음식을 먹으면 심한 죄책감을 느낀다.
6	음식을 먹을 때 멈출 수 없을 것 같은 두려움이 있다.
7	음식을 많이 먹고 난 후에는 살찌는 것에 대한 염려로 구토를 생각한다.
8	체중증가를 막기 위해 변비약이나 이뇨제를 사용한다.
9	내 신체나 체형에 대한 불만족감이 매우 크다.
10	억제할 수 없이 폭식을 한 적이 있다.
11	음식이 내 생활 전반을 지배한다는 생각이 든다.
12	다른 사람들과 함께 식사를 하는 것이 매우 불편하고 가급적이면 피하려고 한다.
13	지나친 다이어트로 인해 생리가 불규칙해지거나 멈춘 적이 있다.
14	음식을 몰래 먹는다.
15	내가 마르면 사람들은 나를 더 좋아할 것이다.
16	체중이나 식행동상의 문제로 일상생활을 유지하는 데 어려움이 있다.
17	다른 사람을 위해 음식 만드는 것을 좋아하지만 나는 먹지 않으려고 한다.
18	운동을 하지 않으면 매우 불안하다.
19	음식과 체중을 조절하는 것이 내 삶에서 내가 유일하게 통제할 수 있는 것이라고 생각한다.
20	기분이 체중에 따라 심하게 변한다(체중이 1 kg만 늘어도 기분이 나빠지고 그날의 일정이 바뀐다).

※ 위 내용에 해당되는 항목이 많으면 많을수록 문제가 심각한 것으로 본다. 항목이 6개 이상이면 혼자 힘들어하지 말고 이 문제에 관해
상담할 수 있는 전문가에게 도움을 청하는 것이 좋다.

06 카페인, 술, 담배

음주문제 자가 진단표

질문	0점	1점	2점	3점	4점
1. 술을 얼마나 자주 마십니까?	전혀 안 마심	월 1회 이하	월 2~4회	주 2~3회	주 4회 이상
2. 술을 마시면 한 번에 몇 잔을 마십니까?*	소주 1~2잔	소주 3~4잔	소주 5~6잔	소주 7~9잔	소주 10잔 이상
3. 한 번의 술자리에서 소주 7잔(또는 맥주 5캔 정도)을 마시는 횟수는 얼마나 됩니까?(여성의 경우 소주 5잔 또는 맥주 3캔 정도)	전혀 없음	월 1회 미만	월 1회 정도	주 1회 정도	거의 매일
4. 지난 1년간 술을 마시기 시작하여 자제가 안 된 적이 있습니까?	전혀 없음	월 1회 미만	월 1회 정도	주 1회 정도	거의 매일
5. 지난 1년간 음주 때문에 일상에 지장을 받은 적이 있습니까?	전혀 없음	월 1회 미만	월 1회 정도	주 1회 정도	거의 매일
6. 지난 1년간 술 마신 다음날 아침 정신을 차리기 위해 해장술을 마신 적이 있습니까?	전혀 없음	월 1회 미만	월 1회 정도	주 1회 정도	거의 매일
7. 지난 1년간 술이 깬 후에 술 마신 것을 후회하거나 가책을 느낀 적이 있습니까?	전혀 없음	월 1회 미만	월 1회 정도	주 1회 정도	거의 매일
8. 지난 1년간 술이 깬 후 취중 일을 기억할 수 없었던 적이 얼마나 됩니까?	전혀 없음	월 1회 미만	월 1회 정도	주 1회 정도	거의 매일
9. 본인의 음주로 인해 본인 또는 타인이 다친 적이 있습니까?	전혀 없음		있지만 지난 1년간은 없다		지난 1년간 있다
10. 가족이나 의사가 당신의 음주에 대해 걱정하거나 술을 줄이는 것을 권고한 적이 있습니까?	전혀 없음		있지만 지난 1년간은 없다		지난 1년간 있다

평가

- 남 0~9점/여 0~5점   정상 음주수준입니다. 남자는 한자리에서 2~4잔, 여자는 1~2잔 이하를 지켜주세요.
- 남 10~19점/여 6~9점   음주량과 음주 횟수가 너무 많습니다. 건강을 위해 절주를 생각해 주세요.
- 남 20점 이상/여 10점 이상   알코올 의존단계입니다. 알코올 섭취 조절이 어려운 상황입니다. 금주가 필요합니다.

* 소주 1~2잔은 맥주(355 mL) 1캔 반에 해당함.

담배를 피우는 이유 자가 진단표

다음은 담배 피우는 이유(AAFP: The Why Test)를 알아보는 질문 18가지이다. 열거한 이유에 자주 해당되는 경우에는 '5'를, 가끔인 경우는 '3'을, 전혀 해당되지 않을 경우에는 '1'을 기입한다.

질문	점수
1. 마음의 여유를 갖기 위해 담배를 피운다.	
2. 담배, 라이터, 성냥 등 담배와 관련된 것을 만지는 일은 대단히 즐겁다.	
3. 담배를 피우면 즐겁고 편안해진다.	
4. 무슨 일에 화가 날 때 담배를 피우게 된다.	
5. 담배가 떨어지면 불안해서 못 견딘다.	
6. 나도 모르는 사이에 저절로 담배를 피우게 된다.	
7. 담배를 피우면 자극이 되고 일을 잘하게 된다.	
8. 담배 피우는 하나하나의 과정, 즉 담뱃갑을 뜯고 꺼내고 라이터를 꺼내서 불을 붙이고 연기를 들이마시고 내뿜고 재떨이에 비벼 끄는 과정이 즐겁다.	
9. 담배 피우는 자체가 즐겁다.	
10. 마음이 불안하고 긴장될 때 담배를 피우게 된다.	
11. 담배를 피우지 않고 있을 때 담배를 안 피우고 있다는 사실을 의식한다.	
12. 재떨이 위에 피우던 담배를 놓고도 그 사실을 모르고 또 담배에 불을 붙인다.	
13. 담배를 피우면 기분이 좋아진다.	
14. 내뿜는 담배 연기를 쳐다보는 재미가 좋다.	
15. 마음이 편안하고 안정되어있을 때 주로 담배를 피우게 된다.	
16. 기분이 울적하거나 걱정이 있을 때 담배를 피우게 된다.	
17. 얼마 동안 담배를 피우지 않으면 담배 생각이 나서 견딜 수 없다.	
18. 언제 담배에 불을 붙였는지 모르는 상태에서 담배를 물고 있는 것을 발견할 때가 있다.	

점수 결과 보기

다음은 질문에 대답한 숫자를 질문번호 위에 기록하여 합계가 자동으로 계산된 결과이다. 담배를 피우는 유형이 총 6가지로 나뉘는데, 합계점수는 3점에서 15점 사이에 놓여 있게 되고, 어느 하나의 합계가 11점 이상이 되면 높은 점수이고, 7점 이하이면 낮은 점수이다. 점수가 높으면 높을수록 담배를 피우는 이유가 더욱 분명한 것이다.

유형 1	(1)	+ (7)	+ (13)	= ( )	= 자극 추구
유형 2	(2)	+ (8)	+ (14)	= ( )	= 손장난
유형 3	(3)	+ (9)	+ (15)	= ( )	= 즐거움과 편안함
유형 4	(4)	+ (10)	+ (16)	= ( )	= 스트레스 해소
유형 5	(5)	+ (11)	+ (17)	= ( )	= 육체·심리적 충동
유형 6	(6)	+ (12)	+ (18)	= ( )	= 습관성

자료: 건강in(http://jr.nhis.or.kr).

참고문헌

구난숙·김완수·이경애·김미정(2022). 이해하기 쉬운 식품위생학. 파워북.

농촌진흥청·국립농업과학원(2021). 국가표준식품성분표(제10개정판).

대한영양사협회(2008). 임상영양관리지침서.

Marcia Melms, Kathryn P. Sucher, Karen Lacey, Sara Long Roth 저, 이명숙 역(2012). 임상영양학. 양서원.

박중신(2011). 건강한 임신을 위한 임신 전 부부의 영양. 대한의사협회지, 54(8): 818-824.

박태선·김은경(2021). 현대인의 생활영양. 교문사.

보건복지부(2015). 2015 건강행태 및 만성질환 통계.

보건복지부·한국영양학회(2020). 2020 한국인 영양소 섭취기준.

보건복지부·한국영양학회(2022). 2020 한국인 영양소 섭취기준: 활용.

식품의약품안전처(2005). 국내 유통 가공식품 중의 트랜스지방 함량 모니터링 결과.

식품의약품안전처(2009). 과자류에 트랜스지방 이젠 안심하세요? 국산 과자류 중 94% 트랜스지방 제로화 달성, 2009년 1월 11일 보도자료.

식품의약품안전처(2017). 유해물질 총서: 트랜스지방.

식품의약품안전처(2020). 성인 하루커피 4잔, 청소년 에너지음료 2캔 이내로 섭취하세요. 2020년 3월 18일 보도자료.

연미영·이윤나·김도희·이지연·고은미·남은정·신혜형·강백원·김종욱·허석·조해영·김초일(2011). 한국인의 나트륨 섭취 급원 음식 및 섭취 양상-2008~2009 국민건강영양조사 자료에 근거-. 대한지역사회영양학회지, 16(4): 473~487.

연소영·오경원·권상희·현태선(2016). 국민건강영양조사 식이섬유 성분표 구축 및 식이섬유 섭취 현황. 대한지역사회영양학회지, 21(3): 293-300.

이미숙·이선영·김현아·정상진·김원경·김현주(2024). 임상영양학. 파워북.

인제식품과학 FORUM 논업(2000). 전통식품 및 소재의 생리기능성. 인제대학교.

장동석·신동화·정덕화·우건조·이인선(2007). 자세히 쓴 식품위생학. 정문각.

질병관리청(2022). 2021 국민건강통계—국민건강영양조사 제8기 3차년도(2021).

최혜미·김정희·김초일·장경자·민혜선·임경숙·변기원·이홍미·김경원·김희선·김현아·권상희(2021). 21세기 영양학 원리(제4개정판). 교문사.

한국건강증진개발원(2016). 건강증진 리서치 브리프 2016 제3호.

한정열(2022). 모태독성학. 군자출판사.

호정규·박문일(2011). 임신 전 남성관리의 개념 및 필요성. 대한의사협회지, 54(8): 808-817.

Chung S, Ha K, Lee HS, Kim CI, Joung H, Paik HY, Song Y.(2015). Soft Drink Consumption is Positively
    Associated with Metabolic Syndrome Risk Factors only in Korean Women: Data from the 2007-2011
    Korea National Health and Nutrition Examination Survey. Metabolism 64(11): 1477-1484.
Mahan L.K. & Raymond J.L.(2017). Krause's Food & The Nutrition Care Process(14th Ed). Elsevier.
Te Morenga L, Mallard S, Mann J.(2012). Dietary Sugars and Body Weight: Systematic Review and
    Metaanalyses of Randomised Controlled Trials and Cohort Studies. BMJ. 346: e7492.
USDA(1999). Iowa State University Database on the Isoflavon Contents of Foods.

국가암정보센터 https://www.cancer.go.kr
국가통계포털 https://kosis.kr
국립농산물품질관리원 https://www.naqs.go.kr
궁중음식연구원 http://www.food.co.kr
대한보건협회 http://www.kpha.or.kr
세계김치연구소 https://www.wikim.re.kr
식품안전나라 https://www.foodsafetykorea.go.kr
식품의약품 안전처 https://www.mfds.go.kr
싱겁게 먹기센터 http://www.saltdown.com
유니세프한국위원회 http://www.unicef.or.kr
질병관리본부 국민건강영양조사 https://knhanes.kdca.go.kr
충주시 보건소 https://www.chungju.go.kr/health
한국건강기능식품협회 https://www.khff.or.kr
한국마더세이프전문상담센터 https://www.mothersafe.or.kr
한국식품과학회 대두가공이용분과 http://www.soynet.org

찾아보기

가공식품 73, 177
가스를 발생시키는 식품 86
가용성 식이섬유 190
간식 73
간암 123
간접흡연 133
간헐적 단식 107
갑상샘호르몬 43
거대적아구성 빈혈 87
거식증 91
건강기능식품 222
건강음주수칙 124
건강체중 95
결식 72
결핵 215
계획임신 140
고정점 이론 99
고지방 저탄수화물 다이어트 106
고혈압 176
골다공증 89, 177
과민성 대장증후군 85
과음 74
과체중 97
광우병 213
구리 43
구제역 213
권장섭취량 49
김치 192

나물 193
나트륨 42
나트륨 섭취량 192
농식품 인증제 220
뇌 건강 190
니아신 38

니코틴 131

다가불포화지방산 32
다량무기질 42
단당류 190
단백가 188
단백질 29
단순당 172
단일불포화지방산 32
담배 130
당뇨병 173
당류 172
당알코올 175
대사증후군 173
대장암 123
대체감미료 175
떡 191

리보플라빈 38

마그네슘 42
면역력 125
모유 수유 149
무기질 40
물 44
미량무기질 43

방사선 조사식품 227
벤젠 209
벤조피렌 207
변비 84
보리 190
복시현상 123

복합당류 190
부정적인 스트레스 75
불소 44
불포화지방산 31
불필수지방산 33
브루셀라증 214
비만 98, 173
비만지수 97
비스테로이드성 소염제 83
비타민 35
비타민 A 37, 61
비타민 B_6 39
비타민 B_{12} 39, 88
비타민 C 40, 62, 73, 110, 142
비타민 D 38, 89, 146
비타민 E 38
비타민 K 38
빈 열량 121
빈 열량식품 172
빈혈 86, 123

사카린 175
상한섭취량 49
생물가 189
생선 194
생선유 157
섭식장애 91
세균성 식중독 202
셀레늄 44
소금 176
소르비톨 175
소비기한 234
소주의 알코올 함량 121
소화성 궤양 83
속쓰림 80
수용성 비타민 38

술 120
스테비아 175
스트레스 75
스트레스 대처법 79
스트레스 자가 진단 76
시스지방산 32
식도암 123
식생활지침 15
식습관 22
식육 관련 감염병 211
식이섬유 62, 165, 190, 195
식품구성자전거 48
식행동 22
신경관결손증 143
신종유해물질 204
심장질환 172
쌀 188
쌀 단백질 189

아라키돈산 151
아세테이트 120
아세트알데히드 120
아세트알데히드 탈수소효소 120
아세틸 CoA 120
아스파탐 175
아연 43, 142
아침식사 190
아크롤레인 207
아크릴아미드 208
알코올 147
알코올성 치매 123
어유 보충제 160
어패류 194
에너지 26, 144
에너지적정비율 51
에너지필요추정량 49

에스트로겐 125, 197
에틸카바메이트 209
염소 42
엽산 39, 88, 142, 143
영양 불균형 71
영양소 섭취기준 48
영양지수 19
영양표시제 230
오곡밥 190
오메가-3 지방산 32
오메가-6 지방산 32
옥시토신 151
올리고당 197, 198
올리브유 158
외식 72
요오드 43
원푸드 다이어트 107
위산 분비 억제제 83
위식도역류질환 81
위암 177
위염 81
유방암 126
유익한 스트레스 75
유전자변형식품 228
유해한 스트레스 75
음주 142
음주습관 74
이뇨 125
이소플라본 197
인 42
인공감미료 175
인수공통 감염병 211
인지질 34, 197
일산화탄소 130

자연독 식중독 204
자일리톨 175
저체중 97
절약 유전자 이론 99
제조연월일 235
조류 인플루엔자 211
죽 191
중성지방 31
지방산 31
지용성 비타민 36
지질 30, 157

채소 191
천연감미료 175
철 43, 62
철 결핍성 빈혈 87
철의 흡수율 88
체질량지수 97
초미세먼지 210
충분섭취량 49
충치 172
췌장염 124
친환경 농축산식품 220

카놀라유 158
카페인 116, 142, 146
카페인중독증 119
칼로리 26
칼륨 42
칼슘 42, 62, 89, 110, 145
콜레스테롤 34
콩 196
키토산 195

타르 132
탄수화물 26
탈수작용 125
태아알코올증후군 147
테스토스테론 125
트랜스지방 33, 73, 206
트랜스지방산 33, 34
티아민 38

포도당 190
포화지방산 31
폭식증 91
표준체중 96
필수지방산 33

항산화 198
해조류 194, 195
헬리코박터 파이로리균 83

환경호르몬 215
황 43
황제 다이어트 106
흡연 127, 142, 148
흡연 실태 128

β-락토글로불린 150
DHA 151
N-니트로사민 206

저자 소개

이미숙
서울대학교 식품영양학과 졸업
서울대학교 식품영양학과 이학박사
한남대학교 식품영양학과 명예교수

김완수
서울대학교 식품영양학과 졸업
미국 캔자스주립대학교 곡류학과 농학박사
前 호남대학교 조리과학과 교수

이선영
서울대학교 식품영양학과 졸업
프랑스 파리 6대학 식품영양학과 이학박사
충남대학교 식품영양학과 교수

현태선
서울대학교 식품영양학과 졸업
미국 앨라배마주립대학교(버밍햄) 영양학과 이학박사
충북대학교 식품영양학과 교수

조진아
서울대학교 식품영양학과 졸업
미국 웨인주립대학교 병리학과 이학박사
충남대학교 식품영양학과 교수

3판

리빙 토픽
건강한 식생활

초판 발행 2017년 9월 6일
2판 발행 2021년 2월 26일
3판 1쇄 발행 2024년 2월 16일

지은이 이미숙, 김완수, 이선영, 현태선, 조진아
펴낸이 류원식
펴낸곳 교문사

편집팀장 성혜진 | **책임진행** 김다솜 | **디자인 · 편집** 신나리

주소 10881, 경기도 파주시 문발로 116
대표전화 031-955-6111 | **팩스** 031-955-0955
홈페이지 www.gyomoon.com | **이메일** genie@gyomoon.com
등록번호 1968.10.28. 제406-2006-000035호

ISBN 978-89-363-2551-0 (93590)
정가 22,000원